装备科技译著出版基金

核能科学与工程系列译丛

非平衡蒸发和冷凝过程的解析解

Non-equilibrium Evaporation and Condensation Processes Analytical Solutions

[德]尤里B. 祖金（Yuri B. Zudin） 著

张楠 丛腾龙 孟兆明 译

国防工业出版社

·北京·

著作权合同登记　图字：军-2020-057 号

图书在版编目(CIP)数据

非平衡蒸发和冷凝过程的解析解/(德)尤里·B. 祖金著；张楠，丛腾龙，孟兆明译. —北京：国防工业出版社，2024.7

书名原文：Non-equilibrium Evaporation and Condensation Processes Analytical Solutions

ISBN 978-7-118-12979-3

Ⅰ.①非… Ⅱ.①尤… ②张… ③丛… ④孟… Ⅲ.①核物理学 Ⅳ.①O571

中国国家版本馆 CIP 数据核字(2024)第 068109 号

First published in English under the title
Non-equilibrium Evaporation and Condensation Processes Analytical Solutions
by Yuri B. Zudin, edition 1
Copyright © Springer International Publishing AG, 2018
This edition has been translated and published under licence from
Springer Nature Switzerland AG.
Springer Nature Switzerland AG takes no responsibility and shall not be made liable for the accuracy of the translation.
All Rights Reserved.

本书简体中文版由 Springer International Publishing AG 授权国防工业出版社独家出版发行。版权所有，侵权必究。

※

国防工业出版社出版发行

(北京市海淀区紫竹院南路 23 号　邮政编码 100048)
三河市天利华印刷装订有限公司印刷
新华书店经售
*
开本 710×1000　1/16　印张 12½　字数 216 千字
2024 年 7 月第 1 版第 1 次印刷　印数 1—1500 册　定价 99.00 元

(本书如有印装错误，我社负责调换)

国防书店：(010)88540777　　书店传真：(010)88540776
发行业务：(010)88540717　　发行传真：(010)88540762

前言

本书主要论述非平衡蒸发和冷凝过程的两个重要方面:相变分子动力学理论和过热液体中的蒸汽气泡动力学。

关于强相变过程(蒸发和冷凝)的问题,无论从理论角度还是从实践角度都是很有意义的。材料暴露在激光辐射下可能导致从加热部分的强烈蒸发,并伴随着在冷却部分的主动冷凝。空间硬件的发展要求是研究冷却剂蒸发或泄漏中可能出现的流动奇点。一个假设的根本原因可能是在航天飞行过程中,由于热过载,核动力发动机的安全壳会发生泄漏。彗星表面暴露在太阳辐射下,其冰核蒸发,形成大气。根据到太阳的距离,蒸发的强度变化很大,可能达到巨大的值。蒸发过程随时间变化剧烈,对彗星大气密度和运动特性有很大影响。

大多数相变问题都是在接近热力学平衡的情况下研究的。然而,在许多情况下,必须考虑相界面上由于分子动力学效应而产生的气相非平衡现象。非平衡现象的理论分析依赖于 Boltzmann 方程,由于其复杂的结构,多年来一直被视为数学上的抽象概念。Labuntsov[1]奠定了线性动力学理论的基础,在 Boltzmann 方程的基础上首次从理论的角度研究了相变。Loyalka[2]和 Siewert[3]进一步发展了这一理论。

流速与声速相当的相变称为强蒸发或强冷凝。这种过程的理论研究通常可细分为两个方向。在强("微观")方法中,研究者用数值方法解决 Boltzmann 方程(或与其相似且简化的"弛豫"方程),以确定其分子在速度上的分布函数。利用分布函数,可以计算相界面附近蒸气中速度、压力和温度的分布。在这一方向的近期研究中,我们提到了 Gusarov,Smurov[4]、Frezzotti,Ytrehus[5]和 Frezzotti[6]的论文。反之,近似("宏观")方法要求分子通量的质量、动量和能量守恒方程组的解,通过分布函数的各种近似来补充。由此得到了相界面外气动力参数分布的一般解析表达式。这里提到了 Anisimov[7]、Labuntsov 和 Kryukov[8]、Ytrehus[9]、Rose[10]以及本书作者的相关研究。

液体中的气(蒸气)泡现象虽然具有成核波动和寿命短的特点,但却有众多表现形式,例如,水声、声发光、超声诊断、表面纳米泡减少摩擦、成核沸腾等。气泡动力学最重要的应用是相对于饱和温度过热液体的起泡。这就导致了液体中新(蒸气)相的核产生和生长。研究这一现象的一个理想课题是研究均匀过热液体中气泡的球非对称增长。

Labuntsov 提出了一种系统的方法来解决过热液体中气泡生长的问题。一般情况下的增长速度取决于 4 个物理效应:①被气泡取代的介质的黏性阻力;②液体对其中气泡膨胀的惯性反应;③界面非平衡效应;④过热液体到气泡边界的传热机理。在不考虑其他因素影响的前提下,考虑每一个因素的作用,就形成了气泡生长的"极限方案"。

在本书中,下一步执行"二元"生长方案,描述两个主要因素同时对气泡生长的影响,即液体的惯性反应和来自过热液体的传热。当过热焓超过相变热时,我们称为气相中"压力阻塞"效应。

非平衡蒸发和冷凝过程的问题将是整本书的基本主题。此外,每一章实际上都是自成体系的,可以独立地研究。每一章都将涉及这个普遍问题的某些方面。作者在编写这本书时有意遵循了这种方法,这导致了某些章节的"自我交叉",从而导致了这本书有些"超重"。然而,在当今的数字时代,读者应该有机会独立熟悉其所选的主题。这种资料的呈现旨在使读者不必再劳神翻阅整本书的参考文献。这就是为什么每一章都包含单独的参考文献列表和符号列表(以防它们的数量过大)。

本书的书名表明,它只关注解的分析方法。即使在当前的计算机时代,流体流动和传热问题的解析解也发挥着重要作用。

(1) 分析方法的价值在于有机会对过程进行闭合的定性描述,揭示了无量纲特征参数的完整列表,并根据其重要性的标准对其进行分层分类;

(2) 解析解具有必要的通用性,因此边界和入口条件的变化使研究者能够进行参数化研究;

(3) 为了验证全微分方程的数值解,在估计和省去可忽略项之后,需要有一些在明显简化情况下所得方程的基本解析解。

第 1 章简要介绍了本书的主题,给出了分子动力学理论的发展和围绕 Boltzmann 方程讨论的简短历史,给出了 Boltzmann 方程的精确解,简要讨论了强相变过程。

第 2 章讨论了相界面的非平衡效应,给出了分子流动的质量、动量和能量守恒方程,并描述了蒸发到真空的经典问题,介绍了线性动力学理论的基本原理,并简要介绍了强蒸发问题。

第 3 章分析强蒸发的近似动力学。在给出了作者的混合模型的基础上,给出了蒸汽的温度、压力和质量速度的解析解,并将它们与现有的数值解和解析解进行了匹配;还计算了蒸发极限质量速度。

第4章基于线性动力学理论建立了强蒸发的半经验模型,证明了单原子气体和多原子气体以及极限质量通量的数值解和近似解析解的结果有可能达到很好的一致性。

第5章考虑了强冷凝的近似动力学分析,和第3章一样,将使用强冷凝的混合模型;给出了声速冷凝和超声速冷凝的解决方案;解析解与模拟数据吻合较好。

第6章使用混合模型来分析相变的线性动力学问题。在强相变过程中发生的蒸发和冷凝的不对称性,即使在线性近似的情况下也仍然存在。蒸汽压力对其温度的依赖性显示为在异常和正常冷凝状态之间的边缘附近有一个最小值。

第7章讨论了在均匀过热液体无限体积中气泡的球对称生长。在Labuntsov之后,在以下四个"极限方案"框架内考虑了每种效应的影响:①动力学黏性;②动力学惯性;③高能分子动力学(非平衡);④热能量。提出了一个关于气泡生长极限方案描述的问题。下一步,将采用气泡生长的"二元"方案,描述两个因素同时对气泡生长的影响。

第8章提出了高温液体中不断生长气泡中的"压力阻塞效应"。已知的Plesset – Zwick公式已推广到强过热区域。解决了丁烷滴泡实验条件的问题。提出了在超热焓超过相变热的条件下构造近似解析解的计算算法。

第9章给出了三相界面上的蒸发弯月面,提出了一种近似求解的方法,可以求出分子动力学效应对弯月面几何参数和传热强度的影响。通过分析分子间力、毛细管力和黏性力的相互作用以及分子动力学效应的研究,得到了蒸发弯月面参数的解析表达式。

第10章是关于球态的动力学效应。根据蒸发/冷凝系数的值,悬浮液滴的动压具有"排斥"或"吸引"的性质。还提出了考虑分子动力学效应的气膜厚度的解析依赖关系。在蒸发/冷凝系数趋于零的奇异情况下,写出了解的渐近公式。

第11章提供了绕圆柱横向流动时的蒸汽冷凝。对极限换热规律进行了分析,得到了这些规律的解析解,它们只对应于重力、纵向压力梯度和界面摩擦这一因素的影响。在稳态蒸汽的情况下,用相关换热定律给出了解的结果。

附录A研究了膜沸腾下的传热问题,得到了能够考虑膜中蒸汽过热的影响以及对流对过热蒸气的导热系数和相变热有效值的影响的解析解。

附录B给出了单相沸腾液体在卵石床内流动的传热实验研究结果。使用了一种处理实验数据的方法,使研究者能够确定"伪湍流"导热系数,而不区分实验获得的温度剖面。得到了球床壁沸腾情况下的温度分布,并对这些分布进行了定性分析。

在此,我要衷心感谢国际资源研究中心主任、施普林格出版社数学工程丛书的编辑 Ing. habil 教授。同时还要感谢 Bernhard Weigand 教授对我成功完成这项工作的强烈支持,以及他就分析求解方法的各个方面提出的大量宝贵建议和富有成效的讨论。Bernhard Weigand 教授多次邀请我访问航天热力学研究所进行联合研究,我们的合作对我撰写这本书有很大帮助。

我非常感谢施普林格出版社的编辑 Jan-Philip Schmidt 博士对出版本书的热情,并在准备这本书的过程中给予了极大的支持。

如果没有德国学术交流中心(German Academic Exchange Service,DAAD)对我在德国各大学(慕尼黑工业大学、帕德博恩大学、汉堡大学、斯图加特大学)活动的长期资金支持,本书的撰写工作是不可能完成的,20年来,我从该机构获得了7项资助。我还要向 T. Prahl 博士、G. Berghorn 博士、P. Hiller 博士、H. Finken 博士、W. Trenn 博士、M. Linden-Schneider 博士,以及 DAAD 在波恩和莫斯科的所有其他工作人员表示诚挚的感谢。

我要感谢我亲爱的妻子 Tatiana,她在精神上对我的工作给予了宝贵的支持,特别是在这个艰难和充满挑战的时刻。

我还要感谢 Alexey Alimov 博士(莫斯科国立大学)提出的非常有益的意见,使本书的英文翻译有了很大的改进。

最后,我不得不强调我的科学顾问、著名的俄罗斯科学家 Labuntsov 教授在我的职业生涯中所起的最关键的作用。如果我能在这本书中发展出一些 Labuntsov 教授的观点,从而产生一些新的适度的结果,我就会认为我的任务完成了。

德国. 斯图加特   尤里B. 祖金
2017年10月

参考文献

1. Labuntsov DA (1967) An analysis of the processes of evaporation and condensation. High Temp 5 (4):579–647
2. Loyalka SK (1990) Slip and jump coefficients for rarefied gas flows: variational results for Lennard—Jones and n(r)-6 potentials. Physica A 163:813–821
3. Siewert E (2003) Heat transfer and evaporation/condensation problems based on the linearized Boltzmann equation. Europ J Mech B: Fluids 22:391–408
4. Gusarov AV, Smurov I (2002) Gas-dynamic boundary conditions of evaporation and condensation: numerical analysis of the Knudsen layer. Phys Fluids 14 (12):4242–4255

5. Frezzotti A, Ytrehus T (2006) Kinetic theory study of steady condensation of a polyatomic gas. Phys Fluids 18(2):027101–027112.
6. Frezzotti A (2007) A numerical investigation of the steady evaporation of a polyatomic gas. Eur J Mech B: Fluids 26:93–104
7. Anisimov SI (1968) Vaporization of metal absorbing laser radiation. Sov Phys JETP 27 (1):182–183
8. Labuntsov DA, Kryukov AP (1977) Intense evaporation processes. Therm Eng (4):8–11
9. Ytrehus T (1977) Theory and experiments on gas kinetics in evaporation. In: Potter JL (ed) Rarefied Gas Dynamics N.Y. 51(2):1197–1212
10. Rose JW (2000) Accurate approximate equations for intensive sub-sonic evaporation. Int J Heat Mass Transfer 43:3869–3875

目 录

第1章 **概述** ··· 1
    1.1 分子运动理论 ··· 1
    1.2 关于 Boltzmann 方程的讨论 ······································ 3
    1.3 Boltzmann 方程的精确解 ··· 6
    1.4 强相变过程 ·· 8
    参考文献 ·· 12

第2章 **非平衡作用对相界面的影响** ··································· 14
    2.1 分子流的守恒方程 ··· 14
        2.1.1 分布函数 ··· 14
        2.1.2 分子流 ·· 16
    2.2 向真空内的蒸发 ·· 18
        2.2.1 Hertz–Knudsen 方程 ····································· 18
        2.2.2 修正的 Hertz–Knudsen 方程 ·························· 19
    2.3 外推边界条件 ··· 20
    2.4 调节系数 ··· 22
    2.5 线性动力学理论 ·· 24
        2.5.1 弱过程 ·· 24
        2.5.2 不可渗透界面(热量传递) ································ 24
        2.5.3 不可渗透界面(动量传递) ································ 25
        2.5.4 相变 ··· 27
        2.5.5 特定边界条件 ··· 27
    2.6 强蒸发问题 ·· 29
        2.6.1 守恒方程 ··· 29
        2.6.2 Crout 模型 ··· 33

IX

  2.6.3 Anisimov 模型 …………………………………… 34
  2.6.4 Rose 模型 ………………………………………… 35
  2.6.5 混合模型 …………………………………………… 35
 参考文献 ……………………………………………………… 36

第3章 强蒸发的近似动力学分析 …………………………… 39
 3.1 守恒方程 ………………………………………………… 41
 3.2 混合表面 ………………………………………………… 43
 3.3 质量流密度极限 ………………………………………… 45
 3.4 小结 ……………………………………………………… 47
 参考文献 ……………………………………………………… 48

第4章 强蒸发的半经验模型 ………………………………… 49
 4.1 强蒸发 …………………………………………………… 49
 4.2 近似分析模型 …………………………………………… 52
 4.3 可用方法分析 …………………………………………… 53
 4.4 半经验模型 ……………………………………………… 54
  4.4.1 线性跃变 …………………………………………… 54
  4.4.2 非线性跃变 ………………………………………… 55
  4.4.3 跃变综述 …………………………………………… 56
  4.4.4 设计关系 …………………………………………… 56
 4.5 半经验模型的验证 ……………………………………… 57
  4.5.1 单原子气体($\beta=1$) …………………………… 57
  4.5.2 单原子气体($0<\beta\leqslant 1$) ………………… 59
  4.5.3 声速蒸发($0<\beta\leqslant 1$) …………………… 60
  4.5.4 多原子气体($\beta=1$) …………………………… 61
  4.5.5 最大质量流量 ……………………………………… 62
 4.6 小结 ……………………………………………………… 64
 参考文献 ……………………………………………………… 64

第5章 强冷凝的近似动力学分析 …………………………… 66
 5.1 宏观模型 ………………………………………………… 68
 5.2 强蒸发 …………………………………………………… 70
 5.3 强冷凝 …………………………………………………… 71
 5.4 混合模型 ………………………………………………… 72

	5.5	算法结果 ·································	75
	5.6	声速冷凝 ·································	77
	5.7	超声速冷凝 ·······························	79
	5.8	小结 ···································	81
	参考文献 ·······································	81

第6章　蒸发和冷凝的线性动力学分析　83

6.1 守恒方程 ································· 86
6.2 平衡共存条件 ······························· 89
6.3 线性动力学分析 ····························· 90
  6.3.1 线性化方程组 ························· 90
  6.3.2 对称情况和不对称情况 ················· 92
  6.3.3 动力学跃变 ··························· 93
  6.3.4 简要描述 ····························· 96
6.4 小结 ····································· 96
参考文献 ····································· 97

第7章　蒸汽气泡生长过程的二元方案　98

7.1 生长过程的极限方案 ························· 99
7.2 能量热方案 ································ 101
  7.2.1 Jakob 数 ···························· 101
  7.2.2 Plesset – Zwick 公式 ················ 102
  7.2.3 Scriven 解 ·························· 102
  7.2.4 近似解 ······························ 104
7.3 生长过程的二元方案 ························ 106
  7.3.1 黏性 – 惯性方案 ····················· 106
  7.3.2 非平衡 – 热方案 ····················· 107
  7.3.3 惯性 – 热方案 ······················· 107
  7.3.4 高过热区域 ·························· 108
7.4 小结 ····································· 110
参考文献 ····································· 111

第8章　蒸汽气泡生长过程中的压力阻塞效应　113

8.1 惯性 – 热方案 ······························ 114

	8.2 压力阻塞效应	117
	8.3 亚稳态区域的 Stefan 数	119
	8.4 丁烷液滴的起泡过程	121
	8.5 寻找解析解	123
	8.6 小结	126
	参考文献	126
第 9 章	**三相界面上的蒸发弯液面**	**128**
	9.1 蒸发弯液面	130
	9.2 近似解析解	132
	9.3 纳米尺度液膜	135
	9.4 平均传热系数	137
	9.5 分子动力学效应	138
	9.6 小结	140
	参考文献	141
第 10 章	**类球态分子动力学效应**	**143**
	10.1 分析中的假设	144
	10.2 流体力学特性	145
	10.3 液滴的平衡状态	148
	10.4 小结	153
	参考文献	153
第 11 章	**圆柱绕流(蒸汽冷凝)**	**155**
	11.1 极限换热定律	156
	11.2 滞止蒸汽的渐近性	158
	11.3 压力渐近	158
	11.4 界面边界上的切向应力	159
	11.5 结果和讨论	161
	11.6 小结	165
	参考文献	165
附录 A	**膜态沸腾过程的传热**	**167**
	参考文献	173

附录 B	附录 B 球床内的传热 ·············· 174
	B.1 实验装置 ················· 174
	B.2 测量结果 ················· 176
	B.3 处理结果 ················· 180
	B.4 小结 ··················· 184
	参考文献 ··················· 185

第 1 章
概　　述

1.1　分子运动理论

统计力学(也称为统计物理学)由 Maxwell、Boltzmann 和 Gibbs 创建,它以对有限数量分子的相关系统描述为基础,被认为是理论物理学的一个新方向。统计力学的一个重要组成部分是基于 Boltzmann 积分 - 微分方程的分子运动理论。1872 年,Ludwig Boltzmann 发表了他的划时代文章[1],在文章中,他根据 Boltzmann方程描述了气体分子的统计分布。Boltzmann 方程在不受外力的统计平衡条件下的特定解是分子有关速度的平衡分布函数,它由 Maxwell 在 1860 年推导得出。著名的 H 定理(H - theorem),即在理论上证明气体在时间上不可逆转地增长,就是在这篇文章中被提出的。

分子运动理论,对于如何选择连续与离散这两种描述物质结构的方法,起到了形而上学的推动作用。连续法适用于连续介质,并不考虑物质内部的具体结构。Navier - Stokes 方程组就被视为连续法应用于液体的特定工具。离散方法传统上源自古老的物质原子结构。到 19 世纪末,它已经普遍用于化学领域。然而在 Boltzmann 的时代,离散法在理论物理学中还没有被最终采纳。可以说,对于解决"物质结构和性质的描述应该基于离散动力学方法"这个核心问题,Boltzmann理论发挥了至关重要的作用。

由于前沿自然科学家之间众所周知的哲学性讨论,19 世纪末期的欧洲科学是引人注目的。自然哲学中"能量论"的拥趸 Wilhelm Ostwald 认为:能量是唯一真实的,而物质只是一种表现形式。由于对原子 - 分子观点持怀疑态度,Ostwald将所有自然现象解释为各种形式间的能量转换,从而将热力学定律引入哲学概括的范畴。实证主义哲学家 Ernst Mach,也是"激波气体动力学理论"的创始人,是原子论坚决的反对者。由于在他的时代,原子是不可观测的,Mach 认为物质的"原子论"是解释物理和化学现象的一种有效假设。虽然 Boltzmann 不同意"能量论者"(Ostwald)和"现象论者"(Mach)的观点,然而他试图在他们使用的方法中找到有用的部分,有时几乎就是在 Mach 的实证主义精神中立论。在他的文章[2]中,写道:"我觉得关于物质或能量是否真正存在的争议造成了人们退步到已经被推翻的旧的形而上学,使得人们误认为所有理论概念都是意识画面。"

尽管 Boltzmann 的理论依赖于简单的分子运动模型(现在看来明显如此),但它对150年前的许多物理学家而言相当具有挑战性。该理论的主要观点基于以下假设:气体中的所有现象都可以用基本粒子(原子和分子)的相互作用来描述。考虑这些粒子的运动和相互作用后,能够提出兼具热力学第一定律和第二定律的一般性概念。Boltzmann 观念的关键可以用如下一种简单的形式表达[3]:原子和分子确实作为外部世界中的元素存在,因此不需要人为地从假设的方程中"生成"它们;在分子运动理论基础上,对分子相互作用的研究可以提供有关气体行为的全部信息。

值得指出的是,直到20世纪50年代中期,理论物理学还包含了"热质说",该理论得到了不错的应用。该理论能够充分描述许多事实,但无法正确描述各种形式的能量相互转化。正是分子运动理论使得最终正确地解决热现象的描述问题成为可能。因此,从形而上学的角度来看,分子运动理论是"能量论"和"现象论"方法的一种对照。

Boltzmann 引入了"统计熵"的概念,这一概念后来在量子理论的发展中发挥了至关重要的作用[4]。当 Planck 推导关于辐射光谱密度的著名公式时,他首先从经验的角度将这个公式写下。后来,Planck 借助熵的统计概念,通过理论思考获得了这个公式。为了把这个概念推广到黑体辐射中,他需要对能量的离散部分进行猜想。因此,Planck 得到了具有固定频率的基本量子能量的定义。正因为如此,如果没有统计熵的启发,现代形式的量子理论原则上就无法形成[5]。在 Einstein 之后几年,Planck 引入了光量子的概念。Bose - Einstein 统计和 Fermi - Dirac 统计都源于 Boltzmann 的统计方法。最后,热力学第二定律(封闭系统的熵增定律)替代了 H 定理。

严格意义上来讲,从稀有气体获得的 Boltzmann 方程也适用于致密介质的描述问题。随后的几代科学家将分子看作实心小球,以这种方式研究了等离子体和气体混合物(简单的多原子气体)。这里值得注意的是,分子运动理论是物质描述微观和宏观层面之间的联系。通过 Chapman - Enskog 的逐次逼近方法(在平衡附近小参数方面的扩展),所得对 Boltzmann 方程的解决方案使得人们能够直接计算气体的导热率和黏度。

多年来,由于其非常复杂的结构,Boltzmann 方程被视为是一种数学抽象。这里提到的 Boltzmann 方程涉及五重碰撞积分,其分布函数在七维空间中变化:时间、3 个坐标和 3 个速度。从应用角度来看,求解 Boltzmann 方程的必要性一开始并不明确。对于接近平衡的状态,各种基于连续的近似证明非常成功。然而,在 20 世纪 50 年代,随着高空航空的出现和第一颗人造卫星的发射,表明只有在分子运动理论的框架下才可能描述高层大气中的运动。Boltzmann 方程在真空工程应用和低压条件下的气体运动研究中也被证明是不可或缺的。后来发现在远离平衡的情况下(对于高强度的过程),发展分子运动理论方法似乎是恰当的。

随后表明,Boltzmann 方程可以提供远比 100 年前预期的更多的东西。Boltzmann 方程证明了描述涉及非线性远离平衡新现象的可行性。值得注意的是,这些现象最初是作为求解 Boltzmann 方程一些问题的结果,从纯粹的理论考虑中提出的。

1.2 关于 Boltzmann 方程的讨论

分子运动理论主要来源于 Boltzmann 的 H 定理,它是不可逆过程的热力学基础。根据该定理,孤立系统的平均对数分布函数(H 函数)随时间单调递减。Boltzmann 将 H 函数与统计权重联系起来,证明了一个系统处于热平衡状态的可能性最大。以理想的单原子气体为例,他证明了 H 函数与熵成正比,并推导出了熵和宏观状态的概率关系式(Boltzmann 方程)。Boltzmann 方程直接得出了基于广义熵的热力学第二定律的统计解释。此式实际上统一了经典的 Carnot – Clausius 热力学和物质的分子运动理论。正是热力学第二定律的统计解释成功地协调了热力学现象的可逆性与热过程的不可逆性。然而,起初统计热力学的这个重要地位受到过原教旨主义科学家的强烈反对。

对新出现的 Boltzmann 定理的异议第一次出现在 1872 年论文[1]刚刚发表后。这些异议简述如下[3]。

(1) 为什么可逆的力学定律(Liouville 方程)允许系统的不可逆演化(Boltzmann 的 H 定理)?

(2) Boltzmann 方程是否与经典动力学相矛盾?

(3) 为什么 Boltzmann 方程的对称性与 Liouville 方程的对称性不一致?

Liouville 方程,对经典动力学至关重要,具有基本的对称性,即速度逆转后的结果与时间逆转后结果相同。而与此不同的是,描述分布函数演化的 Boltzmann 方程不具有对称性。原因是 Boltzmann 方程中对速度逆转后碰撞积分的不变性,即 Boltzmann 理论不区分在时间的正反方向上(过去或将来)发生的碰撞。Boltzmann 方程这种显著特性使得 Poincaré 得出的结论是,熵增长的趋势与经典力学基本定律相矛盾。实际上,根据众所周知的 Poincaré 递归定理(1890 年)可知[3],在一段有限的时间之后,任何系统都应该返回到任意一个接近初始的状态。这意味着对于每个可能的熵增加过程(当离开初始状态时)都应该对应有一个熵的减少过程(当返回到初始状态时)。

1896 年,Planck 的学生 Zermelo 对 Poincaré 递归定理得出了以下推论:没有单值连续可微的状态函数(特别是熵)能随时间单调增长。事实证明,当排除奇异的初始状态时,经典动力学中的不可逆过程原则上是不可能的。Boltzmann 在提出对 Zermelo 的反对意见时指出,分子运动理论的统计基础是以概率量进行运算的。对于由大量分子组成的统计系统,解构时间应当非常长,因此概率可以忽略不计。所以,Poincaré 递归定理仍然有效,但在气体系统中,它具有抽象意义:因为实际上只能实现具有有限概率的不可逆过程。1918 年,Caratheodory 声称 Poincaré 递归定理的证明是不充分的,因为它没有利用 Lebesgue(1902 年)的"点集测量"这一概念。

在回复 Zermelo 的批评时,Boltzmann 写道:"Clausius、Maxwell 等已经证明了气体定律具有统计性。我一直在强调,Maxwell 的气体分子速度分布定律不是常规力学的定律,而是一种概率定律。在这方面,我还指出从分子理论的角度来看,第二定律只是一个概率定律……"1895 年,在回复 Kelvin 的强烈批评时,Boltzmann 写道:"我的最小值定理(H 定理)和热力学第二定律只是概率性的认定。"

Boltzmann 在其生前最后一期出版物[6]中统一回复了对 H 定理的讨论:"尽管这些反对意见在解释气体动力学理论方面非常有效,但它们决不能简单地推翻概率定理……热平衡状态的不同之处仅在于它是在机械元件之间最常见的分布,而其他状态是罕见的,这是非常特殊的。只有这个原因,处于不同于热平衡状态的一个孤立的气体量子才会进入热平衡状态并永远保持不变……"

1876 年,Loschmidt 对分子运动理论提出了以下基本异议:时间对称的动力学方程原则上排除了任何不可逆过程。实际上,分子的反向碰撞"减轻"了直接碰撞的后果,因此理论上系统应该回到初始状态。所以随着碰撞结果的减轻,H 函数(逆熵)必须再次从有限值增加到初始值。相应地,随着其增加,H 函数必须再次减少。Boltzmann 在与 Loschmidt 的辩论中提出了"分子混沌态"的猜想,这是他所用统计方法的基础。根据这个猜想,在实际情况下任何一对分子在碰撞之前都没有相关性。Boltzmann 推理的简化形式如下所述。

Loschmidt 在分子间相互作用的概念中假设:存在一些"信息存储"的气体分子,在这些分子中,它们"存储"了之前的碰撞信息。在经典动力学的框架中,这种存储的作用应该通过分子之间的相互作用来实现。现在让看一下 Liouville 方程中的一种系统"时间倒退"的演化结果。结果表明,某些分子(无论它们在速度逆转时相距多远)都"注定"在预定的时刻相遇,并且受预定的速度变换影响。但这意味着速度的逆转会产生一个高度有序的系统,这与分子混沌状态相反。就是这样,Boltzmann 巧妙的物理思维正式反驳了 Loschmidt 的严谨观察。因此,分子运动理论已经能够证明从经典动力学到统计热力学的过渡,或者说是"从秩序到混乱"。这种推导在稀有气体中是最容易的,这也决定了 Boltzmann 方程的主要适用范围。

Boltzmann 留给后人的遗产内容非常广泛且深刻。原子结构问题的哲学思想以惊人的方式贯穿于他的作品中,面对 Mach 和 Ostwald,他毫不妥协地捍卫了这一观念,将哲学思想作为对自然现象学("纯粹")描述的代表。Ostwald 认为任何人都不应该尝试对能量定律进行力学解释。在 Boltzmann 和 Ostwald 的辩论中,Boltzmann 写道:"因为 Ostwald 通过单纯地逆转时间符号而不改变其他因素,力学的微分方程仍然保持不变的这一事实,得出结论,世界上的力学观点无法解释为什么自然过程会预先朝着一个确定的方向进行。但在我看来,这种观点忽略了力学事件不仅由微分方程确定,而且还由初始条件决定"。在 Boltzmann 众多的演讲和平常的访谈中,他总会指出原子和分子的确真实存在:"因此那些认为自己可以通过微分方程从原子论中解脱出来的人,实际上没有看到事物的本质……不能怀疑这个世界的体系,即假设它在本质和结构上是原子的。"

这里还应该提到 Boltzmann 最初关于时间本质的想法,但他没有成功地引入科学的形式。在他去世的前一年,他曾写信给哲学家 von Brentano:"我现在正忙于确定对时间起到类似于物质的 Loschmidt 数所起作用的数字,时间 - 原子数 = 离散时间,也即构成了时间的每一秒。"

经典动力学和分子运动理论之间的交融在 20 世纪 30 年代实现。Bogolyubov[7] 从 Liouville 方程中给出了 Boltzmann 方程的完整推导。这种推导依赖于"特征时间的层次",并考虑了分子的二次碰撞。后来 Bogolyubov 与其他研究人员合作发展了能够产生更多通用方程的系统方法(考虑了三次碰撞和多次碰撞)。随后这些方法被用作推导描述致密气体方程的基础。根据 Ruel[8] 的说法:"……Boltzmann 的人生选择了浪漫主义。因为自杀,从某种意义上说他是一个失败者。然而,现在认为他是当时伟大的科学家之一,远远超过他的那些对手。他比其他人看得更清楚,他说得太早了……"

1.3 Boltzmann 方程的精确解

大量研究表明，Boltzmann 方程的精确解计算起来十分困难。Bobylev[9]似乎是已知的第一个推导出 Boltzmann 方程特殊精确解的人。下面简要介绍这项开创性工作的成果[9]。在单原子气体的经典动力学理论中，时间 $t \geq 0$ 时，气体状态由三维欧氏空间中分子单粒子分布函数表征：在时间 t、空间坐标 x 和速度 v 三维度的 $f(x,v,t)$。通过简化，可以将该函数看作时间 t 时速度相空间内单位体积粒子（分子）的数量。它的时空演化由 Boltzmann 方程描述：

$$\frac{\partial f}{\partial t} + v \frac{\partial f}{\partial x} = I[f,f] \tag{1.1}$$

式(1.1)等号右侧部分是碰撞积分，这是非线性积分算子，可以表示为

$$I[f,f] = \int \mathrm{d}w \mathrm{d}n g\left(u, \frac{un}{u}\right) \{f(v')f(w') - f(v)f(w)\} \tag{1.2}$$

式中：w 为体积符号；n 为单位矢量，$|n|=1$；$\mathrm{d}n$ 为单位球面元素，在分子速度的整个 5 维空间上进行积分。

在式(1.2)中，使用了以下符号：

$$\begin{cases} u = v - w \\ u = |u| \\ g(u,\mu) = u\sigma(u,\mu) \\ v' = \frac{1}{2}(v+w+un) \\ w' = \frac{1}{2}(v+w-un) \end{cases} \tag{1.3}$$

假设分子的碰撞遵循粒子的经典力学定律，这些定律与对势 $U(r)$ 相互作用，其中 r 是粒子之间的距离。式中的函数 $\sigma(u,\mu)$ 是碰撞分子质心系统在角度 $\theta(0<\theta<\pi)$ 的微分散射截面，其中 $u>0, \mu=\cos(\theta)$。$g(u,\mu)>0$ 是由给定的函数，其值取决于所选择的分子模型。对于所考虑的分子模型（半径为 r_0 的刚性球），得到了 $g(u,\mu) = ur_0^2$。分子模型中出现了一个更复杂的表达式，其分子被认为是具有幂律相互作用的点粒子，$U(r) = \alpha/r^n (\alpha>0, n \geq 2)$ 和 $g(u,\mu) = u^{1-\frac{4}{n}} g_n(\mu)$，其中 $g_n(\mu)(1-\mu)^{\frac{3}{2}}$ 是一个有界函数。

求解 Boltzmann 方程的主要数学难点为非线性及碰撞积分的相关结构。已有证明显示 Boltzmann 方程的边值问题比初值问题更具挑战性。松弛问题（近似于平衡）可以用最简单的方式表述，即

$$\frac{\partial f}{\partial t} = I[f,f], f|_{t=0} = f_0(v) \tag{1.4}$$

式(1.4)描述了空间齐次 Cauchy 问题。Boltzmann 方程的存在性和唯一可解性问题(对于柯西问题和边值问题)都已经进行了广泛的研究。

Gilbert、Chapman - Enskog 和 Grad 首先用他们的经典方法研究近似解,也使用了这类方法的各种延伸方法。Maxwell 分子是与驱逐势 $U(r) = \alpha/r^4$ 相互作用的粒子。对于该模型,散射截面 $\sigma(u,\mu)$ 与速度 u 的绝对值成反比。因此,式(1.2)中的函数 $g(u,\mu)$ 与 u 无关,这大大地简化了碰撞积分的计算。Maxwell 分子的这一显著优势,已经被身为研究人员的 Boltzmann 所知。Bobylev[9] 首先证明对速度使用 Fourier 变换可以大大简化非线性算子,则有

$$\varphi(\boldsymbol{x},\boldsymbol{k},t) = \int d\boldsymbol{v} \exp(-i\boldsymbol{k}\boldsymbol{v}) f[\boldsymbol{x},\boldsymbol{v},t] \tag{1.5}$$

将式(1.5)转换为 Fourier 表示,得到 $\varphi(\boldsymbol{x},\boldsymbol{k},t)$ 的以下表达式:

$$\frac{\partial \varphi}{\partial t} + i \frac{\partial^2 \varphi}{\partial \boldsymbol{k} \partial \boldsymbol{x}} = J[\varphi,\varphi] = \int d\boldsymbol{v} \exp(-i\boldsymbol{k}\boldsymbol{v}) I[f,f] \tag{1.6}$$

对于式(1.2)中与 u 无关的任一函数 $g(u,\mu)$,运算符 $J[\varphi,\varphi]$ 比 $I[f,f]$ 具有更简单的形式。很容易证明在所有可用的分子模型中只有 Maxwell 分子才满足这一特性,这使方程式转化大大简化。然而,式(1.6)左边混合导数的出现使人们不能有效解决空间的非均匀问题。将松弛问题以 Fourier 形式表现即可解决上述阻碍,其形式为

$$\frac{\partial \varphi}{\partial t} = J[\varphi,\varphi] \tag{1.7}$$

考虑空间齐次 Boltzmann 方程的 Cauchy 问题,即

$$f_t = I[f,f] = \int d\boldsymbol{w} d\boldsymbol{n} g\left(u, \frac{\boldsymbol{u}\boldsymbol{n}}{u}\right) \{f(\boldsymbol{v}') f(\boldsymbol{w}') - f(\boldsymbol{v}) f(\boldsymbol{w})\} \tag{1.8}$$

式中,下角标 t 表示 t 的导数。

式(1.8)的初始条件为

$$f|_{t=0} = f_0(v): \int d\boldsymbol{v} f_0(v) = 1, \quad \int d\boldsymbol{v} \boldsymbol{v} f_0(v) = 0, \quad \int d\boldsymbol{v} v^2 f_0(v) = 3 \tag{1.9}$$

根据粒子数、力矩和能量的守恒定律,式(1.8)和式(1.9)的结果 $f(v,t)$ 对所有的 $t>0$ 都适用:

$$\int d\boldsymbol{v} f(v) = 1, \quad \int d\boldsymbol{v} \boldsymbol{v} f(v) = 0 \tag{1.10}$$

相应的 Maxwellian 分布表示为

$$f_M(v) = (2\pi)^{-\frac{1}{2}} \exp(-\vartheta^2) \tag{1.11}$$

上述问题的通解可以写成下式：
改写成 Fourier 表达式：

$$\varphi(k,t) = \int dv f(v,t) \exp(-ikv) \tag{1.12}$$

得到的不是式(1.8)，而是更简单的表达式，即

$$\varphi_t = J[\varphi,\varphi] = \int dn g\left(\frac{kn}{k}\right)\left\{\varphi\left(\frac{k+kn}{2}\right)\varphi\left(\frac{k-kn}{2}\right) - \varphi(0)\varphi(k)\right\} \tag{1.13}$$

设定式的初始条件如下：

$$\begin{cases} \varphi|_{t=0} = \varphi(k) = \int dv f_0(v) \exp(-ikv) \\ \varphi_0|_{k=0} = 1, \quad \left.\frac{\partial \varphi_0}{\partial k}\right|_{k=0} = 0, \quad \left.\frac{\partial^2 \Phi_0}{\partial k^2}\right|_{k=0} = -3 \end{cases} \tag{1.14}$$

根据式(1.13)和式(1.14)研究了 $\varphi(k,t)$ 的求解。
利用反演公式：

$$f(v,t) = (2\pi)^{-3} \int dv \varphi(k,t) \exp(ikv) \tag{1.15}$$

得到了分布函数 $f(v,t)$ 的最终结果。在这里，假设式(1.15)是收敛的。
式(1.10)和式(1.11)的 Fourier 近似变换写为

$$\varphi(0,t) = 1,$$

$$\left.\frac{\partial \varphi(k,t)}{\partial k}\right|_{k=0} = 0,$$

$$\left.\frac{\partial^2 \varphi(k,t)}{\partial k^2}\right|_{k=0} = -3,$$

$$f_M(k) = \exp\left(-\frac{k^2}{2}\right) \tag{1.16}$$

从上述内容可以得出，Boltzmann 方程的精确解只能在非常罕见的特殊情况下得到。

1.4 强相变过程

目前，强相变过程的实际应用越来越多，涉及空气分散系统的物理学、空气动力学、微电子学、生态学等。强相变的研究目的与热交换设备、飞机综合热保

护系统和真空工程的实际设计有关。这里指出了与强相变过程相关的一些重要应用。

（1）模拟航天器核反应堆保护罩在理论条件下破损时冷却剂蒸发到真空的过程；

（2）配置材料激光交互技术[10]（加热段的剧烈蒸发和冷却区域的急剧冷凝）；

（3）航天飞机重返大气层时的模拟[11]。

强相变在伴随有激光烧蚀的工程中发挥着重要作用[10]。材料激光交互技术涉及许多相互关联的物理过程：目标由冷凝相产生的辐射传递和吸收、目标中的热传递、目标表面蒸发和冷凝、周围介质的气体动力学。Anisimov[12]似乎是第一个给出真空激光烧蚀理论描述的人。研究非平衡 Knudsen 层，文献[12]的作者发现了目标温度与出口蒸汽参数之间的关系。基于文献[12]中的方法，Ytrehus[13]提出了强烈蒸发模型。Knight[14-15]考虑了气体参数与辐射强度相关的外部大气烧蚀热模型，他研究了与目标中传热方程相结合的气体动力学方程组。在这种方法下，边界条件从解决强烈蒸发的动力学问题方法中得到。激光烧蚀热模型的进一步发展与任意形式辐射脉冲的数值研究及目标中相变（熔化/固结）的研究有关[16-17]。

强相变的一个重要应用是彗星大气中的模拟问题[18-21]。根据现代理论，彗星核心是由水生冰与矿物颗粒混合物组成的[18]。受辐射影响，冰开始蒸发，形成内部气体-尘埃大气。根据与太阳的距离不同，冰的蒸发强度和近彗星核心的大气层密度差别很大。在离太阳很远的地方，大气密度很小，流动状态为自由分子态。在地球轨道上，日照（白天）侧大气密集区域的流动状态由固体介质定律描述。气体密度从彗星核心往外降低，连续流动状态首先被瞬态变化改变，然后由自由分子状态改变。气体动力学区域与彗星表面的共轭形成了一个非常复杂的数学问题，其中一些特定的解是已知的[19-21]。然而，在一般情况下（弛豫气体、任意表面几何形状、时变蒸发强度解），上述问题无解。各种近似方法对设定气体动力学方程的边界条件是有用的。在文献[19]中考虑了局部平面平行近似的 Navier–Stokes 方程组。彗星核心表面的边界条件设定为稀薄膨胀冲击。在文献[20-21]中，使用了各种综合计算方案，包括气体动力区域中的 Navier–Stokes 方程，并且在密集流动区域中具有边界条件的具体说明。

与湍流模型[22-23]相关的动力学分析新方向似乎非常有趣。在这种情况下，求解 Boltzmann 方程可以通过将分布函数扩展为一系列 Knudsen 数，这些数起到稀疏参数（Chapman–Enskog 扩展）的作用。Knudsen 数的减少导致流动从稳定向不稳定转变，这相当于从层流到湍流流域的过渡。在亚临界（层流）方案中，已知宏观参数的 Boltzmann 方程的解与 Navier-Stokes 方程的解近似。在超临界(湍流)区域,溶液变得不稳定且不平衡。此外,分布函数随时间快速变化,黏性应力和传热速率间断性增加。对于耗散量的增加值,可以对应于湍流黏度和湍流热传导的一些值。正因为如此,Boltzmann 方程能够给出描述湍流的闭合模型,而不需要闭合的猜想(如经典的 Reynolds 方程)。然而值得注意的是,动力学的这个方向处于发展的早期阶段。

强相变的模拟主要取决于在冷凝相和气相界面上设定的边界条件。从动力学分析可知,从界面出射的分子和从蒸汽接近它的分子的分布函数是有本质区别的。这导致 Knudsen 层中存在严重不平衡状态,Knudsen 层与界面表面相邻并且其厚度为分子平均自由程的量级。Boltzmann 方程在半空间中的一维蒸发/冷凝问题可以使用 Knudsen 数[24]的 Hilbert 展开来获得。它的解给出了外部(相对于界面表面)气体体积的 Navier-Stokes 方程的边界条件。

Landau 和 Lifshitz[25] 提出了一种通过一维 Euler 方程的线性分析方法确定边界条件数。在一般情况下,任何微小的气动扰动都被分成两个声波(与气流一起传播或与气流反向传播)和熵的扰动(与气流一起传播)。相界面的微小扰动也可以分解成对应于上述 3 种线性波的分量。注意,近界面气体区域中的流动可能仅取决于从界面传播到气体的波。在这种情况下,边界条件的值将等于输出波速度分量的值。

在亚声速蒸发中,存在两个在蒸汽中传播的线性波:一个是声波,另一个是熵的扰动。这需要两个边界条件。此外,它直接暗示了超声速蒸发在物理上是不可能的,即没有扰动从气体区域向界面传播[25]。对于亚声速冷凝,只有一个声波从界面侧穿透蒸汽,因此只需要一个边界条件。目前,关于超声速冷凝的实现尚未达成共识。数值研究表明,对于某些气体参数,超声速冷凝是不可能的。上述物理层面的考量清楚地表明了强相变的两个替代过程的不对称性:蒸发(两个边界条件)和冷凝(一个边界条件)。

在历史上,第一次对相变的动力学分析是在将 Boltzmann 方程线性化的基础上进行的。得到了进一步理论研究的近似分析解。然而,线性分析只能为小偏离平衡假设的一般解提供渐近性。因此,似乎无法准确评估其适用范围。已知 Boltzmann 方程是一个非常复杂的积分-微分方程,它通常采用数值方法求解,这种方法为评估强相变参数提供了强有力手段。然而,数值方法的效率受到计算持续时间的影响,并且由于统计干扰,解的精确度可能降低。

最近,基于数据处理的并行化,关于 Boltzmann 方程的有效解有了新的观点。然而,到目前为止,Boltzmann 方程通常被其简化模拟替代,特别是由 Krook 模型弛豫方程[24]替代。该方程确保了碰撞积分的重要性质(守恒定律、H 定理),证明了它可用于描述各种介质中的各种动力学分子过程。Krook 方程的相对简单性使得研究者能够进行详细研究(尤其是对不均匀气体弛豫问题)。

在大多数蒸汽流动的实现过程中,在与动力学方程描述的区域(边界层、吸收或蒸发表面等)平行的地方,出现了受连续介质定律影响的区域(在通道中流动的主流、射流核心)。这需要设计一个结合动力学和气体动力学的混合数值计算方案。这里的问题在于如何构造计算这种组合流的一般算法。这种流动的某一部分远离热力学平衡,并由 Boltzmann 方程描述。另一部分接近平衡状态,由 Navier – Stokes 方程描述。混合近似为许多重要问题的研究铺平了道路,这些问题由于数值上的困难(其中主要困难是计算机计算时间相当大),在单一的 Boltzmann 方程的框架内求解。

使用数值有效的气体动力学模型(基于 Navier – Stokes 方程)来模拟强相变的自然想法使得以下两个问题得以解决:①确定气体动力学方法的应用范围;②气体动力学方程的边界条件的陈述。

在违反介质连续性条件的流体区域中,气体动力学方法是不正确的。物理上这意味着分子自由程的长度变得与特征流动大小相当。连续介质的现象学特性在与蒸发表面相邻的薄 Knudsen 层中也变得无效。在 Knudsen 层中,分子在速度上的分布函数(描述蒸发过程)在局部平衡中发生了强烈变化。通常情况下,Knudsen 层的厚度非常小,因此在气体动力学中可以近似忽略不计。这里的困难在于边界条件的陈述,需要在非平衡 Knudsen 层的外边界上设定。解决强相变问题的近似分析方法从文献[12 – 15,26 – 27]开始发展。这种方法依赖于 Knudsen 层内质量、动量和能量的分子质量通量守恒方程,以及其他物理因素。与数值方法不同的是,近似方法能够在广泛的马赫数变化范围内提供解析解。

有许多对强相变化的数值分析的研究在理论和应用方面都取得了显著的成果。例如,文献[28]详细考虑了 Boltzmann 方程的直接数值解法,描述了经典流动问题(冲击波结构,热交换)以及二维、三维流动的数值模拟结果。一类新的非梯度不平衡流动被发现。

本书主要论述了作者用于解决强相变问题的近似分析方法。基于守恒方程,提出了"混合模型",并用 Knudsen 层内单向质量流动的守恒定律(混合条件)加以补充[29 – 31]。混合模型被证明能较好描述强蒸发(一个边界条件)和强冷凝(两个边界条件)问题,并且精度可接受。本书似乎是第一本论述蒸发/冷凝不对称问题的专著[31]。混合模型[29 – 31]的渐近变量与较小的马赫数使得研究者能够获得与经典线性理论解基本一致的解。为了能够实际计算强蒸发过程,提出了半经验计算方法。

本书分析了气泡生长的"极限方案":①动态黏性方案;②动态惯性方案;

③高能分子动力学方案；④高能热方案[32]。从理论上证明了高度过热液体中气泡生长背景下气相"压力阻塞"机理[33]。研究了弯月面薄液膜在加热表面上蒸发的热流体力学问题。提出了一种近似求解方法，能够确定分子动力学效应对弯月面几何参数和传热强度的影响。进行了悬浮在蒸汽垫上液滴蒸发问题的理论分析。首次考虑了分子动力学效应对液滴平衡条件的影响问题。研究了水平圆柱体绕流时蒸汽冷凝问题。在文献[34]中得到了"极限热交换定律"的解析解，它只受一个因素（重力、纵向压力梯度或界面摩擦）的影响。给出了单相沸腾液体流动的卵石床传热实验研究结果[35]。

参考文献

1. Boltzmann L (1872) Weitere Studien über das Wärmegleichgewicht unter Gasmolekülen. Sitzungsberichte der Kaiserlichen Akademie der Wissenschaften. Wien Math. Naturwiss. Classe 66: 275–370. English translation: Boltzmann L. (2003) Further Studies on the Thermal Equilibrium of Gas Molecules. The Kinetic Theory of Gases. Hist Mod Phys Sci 1:262–349
2. Boltzmann L (1900) Über die Entwicklung der Methoden der theoretischen Physik in neuerer Zeit. Jahresber Dtsch Mathematiker-Ver 8:71–95
3. Cercignani C (2006) Ludwig Boltzmann: The Man Who Trusted Atoms. Oxford
4. Haug H (2006) Statistische Physik—Gleichgewichtstheorie und Kinetik. 2. Auflage. Springer
5. Müller-Kirsten HJW (2013) Basics of statistical physics. 2nd edn. World Scientific
6. Boltzmann L, Nabl J (1907) Kinetische Theorie der Materie. Enzyklopiidie Math. Wissenschaften 5 (1): 493–557. Teubner: Leipzig
7. Bogolyubov NN (1946) Kinetic equations. J Exp Theor Phys (in Russian) 16(8):691–702
8. Ruel D (1991) Hasard et Chaos. Princeton University Press
9. Bobylev AV (1984) Exact solutions of the nonlinear Boltzmann equation and of its models. Fluid Mech. Soviet Res. 13(4):105–110
10. Gusarov AV, Smurov I (2002) Gas-dynamic boundary conditions of evaporation and condensation: Numerical analysis of the Knudsen layer. Phys Fluids 14(12):4242–4255
11. Micol JM (1995) Hypersonic Aerodynamic/Aerothermodynamic Testing Capabilities at Langley Research Center: Aerodynamic Facilities Complex. AIAA Paper 95–2107
12. Anisimov SI (1968) Vaporization of metal absorbing laser radiation. Sov Phys JETP 27 (1):182–183
13. Ytrehus T (1977) Theory and experiments on gas kinetics in evaporation. In: Potter JL (ed) Rarefied Gas Dynamics N.Y. 51 (2): 1197–1212
14. Khight CJ (1979) Theoretical modeling of rapid snrface vaporization with back pressure. AIAA Journal 17(5):519–523
15. Khight CJ (1982) Transient vaporization from a surface into vacuum. AIAA Journal 20 (7):950–955
16. Ho JR, Grigoropoulos CP, Humphrey JAC (1995) Computational study of heat transfer and gas dynamics in the pulsed laser evaporation of metals. J Appl Phys 78(6):4696–4709
17. Gusarov AV, Gnedovets AG, Smurov I (2000) Gas dynamics of laser ablation: Influence of ambient atmosphere. J Appl Phys 88:4352–4364
18. Crifo JF (1994) Elements of cometary aeronomy. Curr Sci 66(7–8):583–602
19. Crifo JF, Rodionov AV (1997) The dependence of the circumnuclear come structure on the properties of the nucleus. I. Comparison between an homogeneous and an inhomogeneous spherical nucleus with application to P/Wirtanen. Icarus 127:319–353

20. Crifo JF, Rodionov AV (2000) The dependence of the circumnuclear come structure on the properties of the nucleus. IV. Structure of the night-side gas coma of a strongly sublimating nucleus. Icarus 148:464–478
21. Rodionov AV, Crifo JF, Szegö K, Lagerros J, Fulle M (2002) An advanced physical model of cometary activity. Planet. Space Sci 50: 983–102
22. Aristov V (1999) Study of unstable numerical solutions of the Boltzmann equation and description of turbulence. Proc. 21st Intern. Symp. on Raref. Gas Dynam Cepadues Editions 2:189–196
23. Aristov V, Ilyin O (2010) Kinetic model of the spatio-temporal turbulence. Phys Let A 374 (43):4381–4438
24. Cercignani C (1990) Mathematical methods in kinetic theory. Springer
25. Landau LD, Lifshits EM (1987) Fluid Mechanics. Butterworth-Heinemann
26. Labuntsov DA, Kryukov AP (1979) An analysis of intensive evaporation and condensation. Int J Heat Mass Transf 22:989–1002
27. Rose JW (2000) Accurate approximate equations for intensive sub-sonic evaporation. Int J Heat Mass Transf 43:3869–3875
28. Aristov VV (2001) Direct methods for solving the Boltzmann equation and study of non-equilibrium flows. Kluwer Academic Publishers, Dordrecht
29. Zudin YB (2015) Approximate kinetic analysis of intense evaporation. J Engng Phys Thermophys 88(4):1015–1022
30. Zudin YB (2015) The approximate kinetic analysis of strong condensation. Thermophys Aeromech 22(1):73–84
31. Zudin YB (2016) Linear kinetic analysis of evaporation and condensation. Thermophys Aeromech 23(3):437–449
32. Zudin YB (2015) Binary schemes of vapor bubble growth. J Eng Phys Thermophys 88 (3):575–586
33. Zudin YB, Zenin VV (2016) "Pressure blocking" effect in the growing vapor bubble in a highly Superheated Liquid. J. Engng Phys. Thermophys. 89(5):1141–1151
34. Avdeev AA, Zudin YB (2011) Vapor condensation upon transversal flow around a cylinder (limiting heat exchange laws). High Temp 49(4):558–565
35. Avdeev AA, Balunov BF, Zudin YB, Rybin RA (2009) An experimental investigation of heat transfer in a pebble bed. High Temp 47:692–700

第 2 章

非平衡作用对相界面的影响

本章缩略语
BC   Boundary Condition   边界条件
CPS   Condensed – phase Surface   冷凝相表面
DF   Distribution Function   分布函数

2.1 分子流的守恒方程

2.1.1 分布函数

描述强相变过程需要解决气体动力学方程所描述的周围空间中蒸发(冷凝)物质的流动问题。强相变的具体特征是在冷凝相表面(CPS)附近形成分子平均自由程量级的 Knudsen 层。Knudsen 层的存在取决于蒸发(冷凝)的非平衡特性,这种特性会导致 CPS 附近速度分布函数(DF)的各向异性。在这种情况下,气体动力学描述变得不合理——根据传统统计平均规则定义的现象学气体参数(温度、压力、密度、速度)失去了宏观意义。这种情况可以在"虚拟实验"的帮助下简单地描述,假设 Knudsen 层的压强和温度都是千分尺,那么它们的读数将与统计平均值不一致,而是取决于千分尺的结构。这种异常现象会在 Knudsen 层之外消失,也就是 Navier – Stokes 方程的外部区域,这部分外围区域也称为"Navier – Stokes 区域"。

严格来讲,需要为 Knudsen 层外边界上 Navier – Stokes 区域中的气体动力学方程指定边界条件(BC)。因此,需要知道该界面处的 DF,这反过来又引起了

Knudsen 层中 Boltzmann 方程的求解问题。只有在这种情况下,才可以将相应的气体动力学参数作为 DF 的相应力矩来评估。还应该指出的是,Knudsen 层的外边界厚度只定义到分子的几个平均自由程。因此,气体动力学方程 BC 的设置是一个非常重要的宏观问题。它与 Knudsen 层中 Boltzmann 方程微观参数问题的关系决定了强相变动力学分析的特殊性和难点[1]。

Knudsen 层中的分子谱由两个相反方向的分子流形成,一个由 CPS 发射,另一个从 Navier–Stokes 区域入射。分子发射的物理方案可用一种稍微简化的形式描述如下:液体分子中靠近 CPS 并处于混沌热运动状态的一部分,暂时获得超过分子键能的动能,导致"快分子"从表面逃逸到气态区域中。这表明分子表面发射的强度由 CPS 温度 T_w 唯一确定。这引发了物理上合理的推测:发射分子的光谱由平衡 Maxwell 分布描述[2-3]:

$$f_w^+ = \frac{n_w}{\pi^{3/2} v_w^3} \exp\left(-\left(\frac{c}{v_w}\right)^2\right) \quad (2.1)$$

式中:$n_w = p_w/k_B T_w$ 为分子气体密度;c、u_∞ 分别为分子速度矢量和流体动力学速度矢量;c_z 为分子速度的正态分量;$v_\infty = \sqrt{2R_g T_\infty}$,$v_w = \sqrt{2R_g T_w}$ 为分子的热速度,下角标"w"表示为 CPS 上条件,下角标"∞"表示无穷大情况;$R_g = k_B/m$ 为单个气体常数,即 Boltzmann 常数;m 为分子的质量。

Maxwell 认为气体是一个完全弹性球的集合体,在一个封闭的空间中做无规则运动并相互碰撞。球分子可以根据它们的速度细分为 3 组,即使它们可能在碰撞后改变速度,在稳定状态下,每组中的分子数是恒定的。该设定表明,在平衡状态下,粒子具有不同的速度,它们的速度按照 Gauss 曲线(Maxwell 分布)分布。利用这样得到的 DF,Maxwell 计算得到了输运现象中一些非常重要的物理量:有限速度范围内的粒子数、平均速度和平均平方速度。完整 DF 计算为每个坐标的 DF 乘积①。

由于在整个 Knudsen 层上远离 CPS 处的碰撞,形成了流向 CPS 的分子流。因此,它的 DF 应该反映出表面区域中某些蒸汽平均状态。所以,CPS 上总的 DF 通常可以分成两部分,这两部分本质上是彼此不同的,即

$$\begin{cases} 0 \leq c_z < \infty : f_w = f_w^+ \\ -\infty < c_z \leq 0 : f_w = f_w^- \end{cases} \quad (2.2)$$

因此,分子在 CPS 上的速度分布应该是不连续的,如图 2.1 所示。在远离相界面时,由于分子间碰撞,DF 中的不连续性被缓和,主要的重建发生在 Knudsen 层内。

---

① 这意味着他们的独立性。当时许多研究人员都不清楚这种独立性,但后来给出了合理的解释。

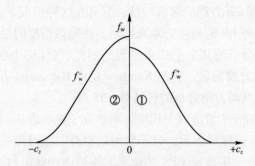

图 2.1　分子在冷凝相表面上的分布函数

2.1.2　分子流

接下来考虑半空间中静止蒸汽(单原子理想气体)蒸发/冷凝的一维问题。在这种情况下，流体动力速度矢量 $\boldsymbol{u}_\infty$ 在蒸发流的方向上转变为标量速度 u_∞。假设在相界面上，由于外部加热表面存在，温度 T_w 保持恒定。在相界面上有共存的分子流：发射的分子流 J_i^+ 和入射分子流 J_i^-。在平衡的情况下，有 $J_i^+ \neq J_i^-$。对于 Navier–Stokes 区域的 $J_i^+ = J_i^-$，此处的各流量($j_i \neq 0$)分别为质量流($i=1$)、动量流($i=2$)和能量流($i=3$)，即

$$J_1^+ - J_1^- = j_1 \tag{2.3}$$

$$J_2^+ - J_2^- = j_2 \tag{2.4}$$

$$J_3^+ - J_3^- = j_3 \tag{2.5}$$

因此，Navier–Stokes 区域的蒸发/冷凝流动表现为 CPS 单向气体流动之间的差异。这些净输运量是用 Navier–Stokes 区域中的宏观参数来表示：

$$j_1 = \rho_\infty u_\infty \tag{2.6}$$

$$j_2 = \rho_\infty u_\infty^2 + p_\infty \tag{2.7}$$

$$j_3 = \frac{\rho_\infty u_\infty^3}{2} + \frac{5}{2} \rho_\infty u_\infty \tag{2.8}$$

式中：ρ_∞ 为密度；p 为压力；u_∞ 为流体动力学速度；在蒸发期间 $J_i^+ > J_i^-$，$j_i > 0$；在冷凝期间 $J_i^+ < J_i^-$，$j_i < 0$。

式(2.3)~式(2.5)可以看作 Knudsen 层的质量、动量和能量的守恒方程①。根据文献[1]，通过把 DF 与三维分子速度场 c_x、c_y、c_z 进行相应的积分来计算流量。因此，流动方程式如下。

---

① 这里假设质量、动量和能量流在稳态下通过平行于 CPS 的任何平面时相等。

对于发射流 J_i^+,有

$$\begin{cases} J_1^+ = m\int_{-\infty}^{\infty} dc_x \int_{-\infty}^{\infty} dc_y \int_0^{\infty} dc_z (c_z f_w^+) \\ J_2^+ = m\int_{-\infty}^{\infty} dc_x \int_{-\infty}^{\infty} dc_y \int_0^{\infty} dc_z (c_z^2 f_w^+) \\ J_3^+ = \frac{1}{2}m\int_{-\infty}^{\infty} dc_x \int_{-\infty}^{\infty} dc_y \int_0^{\infty} dc_z (c_z \boldsymbol{c}^2 f_w^+) \end{cases} \quad (2.9)$$

对于入射流 J_i^-,有

$$\begin{cases} J_1^- = m\int_{-\infty}^{\infty} dc_x \int_{-\infty}^{\infty} dc_y \int_0^{\infty} dc_z (c_z f_w^-) \\ J_2^- = m\int_{-\infty}^{\infty} dc_x \int_{-\infty}^{\infty} dc_y \int_0^{\infty} dc_z (c_z^2 f_w^-) \\ J_3^- = \frac{1}{2}m\int_{-\infty}^{\infty} dc_x \int_{-\infty}^{\infty} dc_y \int_0^{\infty} dc_z (c_z \boldsymbol{c}^2 f_w^-) \end{cases} \quad (2.10)$$

将式(2.1)表示的 DF 中正的部分 f_w^+ 代入式(2.9)并积分,得到以下发射流的表达式:

$$J_1^+ = \frac{1}{2\sqrt{\pi}} \rho_w v_w \quad (2.11)$$

$$J_2^+ = \frac{1}{4} \rho_w v_w^2 \quad (2.12)$$

$$J_3^+ = \frac{1}{2\sqrt{\pi}} \rho_w v_w^3 \quad (2.13)$$

数值 J_1^+ 也称为"单向 Maxwell 流动"。为了从式(2.10)中计算入射流,需要确定 DF 中负的部分 f_w^-,它是未知的。从理论上讲,它可以从 Knudsen 层的 Boltzmann 方程的解中确定。需要指出的是,在假设的 Boltzmann 方程精确解上,守恒方程组由定义变为恒等式系统。然而,目前这一高度复杂的积分-微分方程的强解仅在某些特殊情况下可用。

如果 f_w 是从某个或其他模型视图中给出的,那么由式(2.3)~式(2.5)表示的系统为超定系统。因此,为了解决这一问题,必须使用自由参数对该系统进行扩充,从而使其解具有半经验特征。值得注意的是,偏离局部热力学平衡仅在气相中表现出来。在大多数情况下,冷凝相中的非平衡效应可以忽略不计。如果它们仍然发生,这只发生在运输过程不规则强度下。

非平衡蒸发和冷凝过程的解析解
Non-equilibrium Evaporation and Condensation Processes Analytical Solutions

2.2 向真空内的蒸发

分子运动理论是由 Maxwell[2-3] 创立的,他在 1860 年获得了著名的热平衡气体分子速度 DF,即式(2.1)。1872 年,Boltzmann 提出了一个描述气体分子统计分布的方程(Boltzmann 方程)[4]。式(2.1)是 Boltzmann 方程在无外力条件下统计平衡时的一个特定解。长期以来,Boltzmann 方程被认为是一种数学抽象。直到 20 世纪 60 年代,人们才认识到只有在 Boltzmann 方程的基础上才能研究与低气体密度、高运动速度,以及与热力学平衡的显著偏离相关问题。

历史上,第一个应用分子动力学的问题是"向真空内蒸发"问题。1882 年,Hertz 发表了关于低压下汞蒸发的经典论文[5]。分析实验结果后,Hertz 得出了以下基本结论:任何物质都存在最大蒸发流量,最大蒸发流量仅取决于表面温度和给定物质的物质特性。最大蒸发流量不可能大于单位时间内平衡状态下撞击冷凝水面的蒸汽分子数。因此,蒸发过程中的上限是通过式(2.11)确定的单向 Maxwell 质量流的结果。1913 年,Langmuir[6] 应用式(2.11)评估了钨在真空管中蒸发时的蒸汽压力。

2.2.1 Hertz – Knudsen 方程

1915 年,Knudsen[7] 开展了关于汞蒸发的新实验。他发现最大蒸发速度与式(2.11)一致。然而,这仅适用于高纯度的汞,实验发现不纯汞的蒸发速度降低了近 3 个数量级。为了解释这些实验数据,Knudsen 将"蒸发系数"β 作为辅助因子引入式(2.11)中,得到

$$j_1 \equiv J_1^+ = \frac{\beta}{2\sqrt{\pi}} \rho_w v_w \qquad (2.14)$$

蒸发系数表明,在所有撞击 CPS 的蒸汽分子中,只有份额 β 的分子被它吸收,剩余的 $1-\beta$ 部分分子从界面反射进入蒸汽。Knudsen[7] 也引入了"冷凝系数"。大多数情况下,人们假设蒸发系数和冷凝系数相等。在本章中,将采用这一假设并使用"蒸发 – 冷凝系数"。

考虑理想气体定律:

$$p = \rho R_g T = \frac{1}{2} \rho v^2 \qquad (2.15)$$

式(2.14)可以写成

$$j_1 = \beta \frac{p_w}{\sqrt{2\pi R_g T_w}} \qquad (2.16)$$

非常有意思的是 Langmuir 和 Knudsen 都从不同方面使用了式(2.16)。通过观察钨与氧气的反应，Langmuir 开始研究蒸发流。Knudsen 关注蒸发问题主要与稀有气体动力学的研究以及发现蒸汽压力射流方法的发展有关。在 Hertz、Langmuir 和 Knudsen 的论文中，式(2.14)和式(2.16)被解释为最大真空蒸发强度[8]。分子运动理论的经典著作表明，在一维问题的框架内，蒸发到真空中的稳定过程实际上是不可能的，因此，式(2.14)和式(2.16)确定的质量流量无法实现。实际上，在密度为 ρ_∞、压力为 p_∞ 的 CPS 中存在"分子云"（早期研究中的典型表达）将导致蒸发速度的降低。通过把相应的压力差引入式(2.16)可以反映出这种减速效果，即

$$j_1 = \beta \frac{p_w - p_\infty}{\sqrt{2\pi R_g T_w}} \tag{2.17}$$

式(2.17)在文献中称为 Hertz – Knudsen 方程，至今为止其在计算蒸发/冷凝过程（特别是对 β 的实验评估）中都得到了广泛的应用。式(2.17)表明净转移量与两个单向 Maxwell 流之差成正比。这就引入了以下两个假设：在宏观表面附近，蒸汽处于静止状态；蒸汽状态可以用 Maxwell 分布的局部平衡来描述。

2.2.2 修正的 Hertz – Knudsen 方程

1933 年，Risch[9] 提出了对 Hertz – Knudsen 方程的修正，他假设入射到 CPS 的流体具有密度为 ρ_∞ 和压力为 p_∞ 的平衡 Maxwell 谱，即

$$j_1 = \beta \left(\frac{p_w}{\sqrt{2\pi R_w T_w}} - \frac{p_\infty}{\sqrt{2\pi R_\infty T_\infty}} \right) \tag{2.18}$$

Hertz – Knudsen 方程式(2.17)是式(2.18)中 $T_w = T_\infty$ 的结果。1956 年，Schrage[10] 通过考虑蒸发/冷凝流对 CPS 分子流的影响，修改了文献[9]的经验关系。

$$J_1^- = \frac{p_\infty}{\sqrt{2\pi R_g T_\infty}} \Gamma(s) \tag{2.19}$$

式中：$\Gamma(s) = \exp(-s^2) - \sqrt{\pi} s \operatorname{erfc}(s)$；$s = u_\infty / v_\infty$ 为速度因子；u_∞ 为流体动力学速度；$v_\infty = \sqrt{2\pi R_g T_\infty}$ 为热速度（所有数值均取平均值）。

这样修改后的 Hertz – Knudsen 方程为

$$j_1 = \beta \left(\frac{p_w}{\sqrt{2\pi R_w T_w}} - \Gamma(s) \frac{p_\infty}{\sqrt{2\pi R_\infty T_\infty}} \right) \tag{2.20}$$

当 $u_\infty = 0 (\Gamma = 1)$ 时，式(2.18)和式(2.19)是相同的。蒸发过程中由于蒸汽的运动，回流将变慢：$u_\infty > 0 \Rightarrow \Gamma < 1$。另外，在冷凝过程中，流体动力学速度将与

回流速度相加,从而使其速度变快:$u_\infty < 0 \Rightarrow \Gamma > 1$。在早期分子运动理论分析中有一篇概述[8],在其中可以找到相关的详细讨论。

这里值得一提的是,上述尝试修改 Hertz – Knudsen 方程的结果基于相同基础,仍是不尽人意。想要准确描述相变过程,除了满足质量守恒方程式(2.6)外,还必须满足动量守恒方程式(2.7)和能量守恒方程式(2.8)。试图在同一个刚性方案中同时满足 3 个守恒方程,会导致数学描述的超定性和物理上的荒谬性。尤其是上述式(2.17)、式(2.18)和式(2.20)的不正确性导致了温度 T_∞ 的不确定性。这些困难表明,相变问题中建立严格分子动力学公式的必要性,这将会出现在 CPS 附近非平衡气体状态的实际情况中。

1960 年,Kucherov 和 Rikenglaz[11]在蒸发中的研究使得分子动力学迈出了重要的一步。与 Schrage 的经验方法不同,Kucherov 和 Rikenglaz 正确地考虑了蒸汽在表面法线方向上的实际运动速度 u_∞,并以置换 Maxwell 分布的形式记录了分子回流的 DF,即

$$f_w^- = \frac{n_w}{\pi^{\frac{3}{2}} v_w^3} \exp\left(-\left(\frac{c - u_\infty}{v_w}\right)\right) \tag{2.21}$$

函数 f_w^- 也称为"体积 DF"。该函数及其各种修正式成功地用于大多数在分子运动理论角度对蒸发和冷凝过程进行的理论研究。

强蒸发参数在文献[12 – 14]中进行了大量的计算。在文献[12]中,采用分子动力学的方法来证明利用平衡 Maxwell 光谱计算发射流的合理性[式(2.1)]。在文献[13 – 14]中,使用分子间相互作用的 Lennard – Jones 势来表明分子质量流超过 Hertz – Knudsen 方程计算的 3.6 倍。关于发射流的平衡 Maxwell 谱的结论[12]也得到了证实。在大量的论文中,由于碰撞的频率不依赖于碰撞粒子的速度这一事实,数值方法证明了碰撞的实际物理过程的不足。

2.3 外推边界条件

CPS 附近的气体稀疏程度以 Knudsen 数($Kn = l_{mol}/l_0$)[1]为特征。这里,l_0 是气相输运过程发生区域的线性标度(Prandtl 边界层的厚度,通道的横截面),l_{mol} 是分子的平均自由程。在极限情况下 $Kn \gg 1$(实际上 $Kn \geq 1$),不用考虑分子彼此之间的碰撞,仅考虑分子对 CPS 的影响就可以计算气体流量。这种流动状态,也称为自由分子状态,实际上已经在 $Kn \sim 1$ 时被证明。在极限情况下,$Kn \ll 1$(实际上 $Kn \leq 0.1$),在气体区域中连续介质状态持续存在。在这种连续体系中,Knudsen 层的厚度与宏观几何尺度相比并不重要:$l_{mol} \ll l_0$。此处,流量可以基于

Navier–Stokes 方程进行计算。然而，其 BC 是通过将 Knudsen 层与 Navier–Stokes 区域黏合在一起而获得的。连续近似的方法是有效的，并且已经在 $Kn \leqslant 10^{-3}$ 的实际情况中得到应用。在 $10^{3} \leqslant Kn < 1$ 的范围内，稀有气体的流动状态介于自由分子状态和连续体状态之间。

在 Knudsen 层之外，现如今适用的是热传递（Fourier 定律）和动量传递（Newton 摩擦定律）的现象学定律。CPS 附近区域的方案（如图 2.2 所示）由 Knudsen 层 I 和相邻的 Navier–Stokes 区域 II 组成。与外部线性标尺 $l_{mol} \ll l_0$ 相比，大多数情况下 Knudsen 层的厚度非常小。因此，对区域 I 中参数（速度、温度、压力、密度）的详细描述纯粹是理论上的。如果将这些参数从横向坐标外推到 CPS，并忽略 Knudsen 层，可以获得一些参数的条件值。这些真实参数外推值之间的差异会导致 CPS 上出现"动能跳跃"（当然，其仅具有条件特征）。值得注意的是，应用分子动力学分析的最终目的是评估外推的 BC。

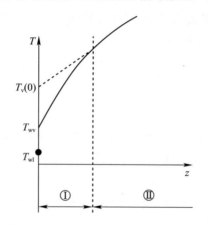

图 2.2　在冷凝相表面附近的区域中的温度分布

在这里举例说明通过不透水表面的热传递。图 2.2 显示了 CPS 附近包括 Knudsen 层气体温度的实际分布。从 Navier–Stokes 区域外推得到的温度分布曲线用虚线表示。由此，在 CPS 上有两个温度跃迁：实际的 $\Delta T_w = T_{wl} - T_{wv}$ 和外推的 $\Delta T = T_{wl} - T_v(0)$。这里，$T_{wv}$ 和 T_{wl} 是表面上的实际气体温度，分别来自气体侧和液体侧，$T_v(0)$ 是表面上气体温度的外推值（条件量）。因此，有两种不同的问题设置。

(1) 最低限度设定。在 CPS 上设置 Navier–Stokes 区域气体动力学方程的 BC 值，就足以指定外推的温度跃迁。因此，给定可用的条件气体温度，可以在整个气体体积（Knudsen 层除外）上构建温度分布，这在实践中很重要。

(2) 最高限度设定。为了确定 Knudsen 层内的温度分布，需要求解 DF 的

Boltzmann 方程。然后,将其作为权重函数在相应的积分中使用,理论上可以获得整个气体空间中温度的精确分布。由于 Boltzmann 方程高度复杂,因此在横坐标特定值上应该停止求解(数值解)并且将 Knudsen 层与 Navier – Stokes 区域"缝合"。

值得指出的是,在应用问题的文献中经常没有提到真实参数(或实际跃迁)。在本章中,只讨论作为最小程序的一部分的解析解。这意味着解决方案的目的是确定条件温度阶跃,而通过 CPS 上的气体参数,可以确定相应的外推值。

2.4 调节系数

调节系数的概念最早由 Maxwell 提出[2-3],他考虑了两种极限变量:所有入射到 CPS 上的分子全都被它吸收,所有入射到 CPS 上的分子全部被它反射。

根据质量、动量和能量守恒方程,可以定义 3 个相应的调节系数。Knudsen[7]给出了 Maxwell 观点的具体物理形式。特别地,把 DB 写成了以下形式:

$$f^+ = f_e + (1 - \beta)f_r \tag{2.22}$$

由式(2.22)可知,在一般情况下,所有射到 CPS 上的分子中,只有由 β 定义的部分被表面吸收,而另一部分分子 $1 - \beta$ 被反射回来。因此,从 CPS 飞出的分子函数 f^+ 可以表示成两部分。第一部分 f_e 描述了蒸发的分子,而第二部分 f_r 描述了从界面反射的分子。Knudsen 把 β 称为蒸发系数(当蒸汽远离 CPS 时)或冷凝系数(当蒸汽向 CPS 移动时)。注意,式(2.22)中的 β 是质量调节系数。与此类似,下面将引入动量系数和热调节系数的概念。Knudsen[7]引入了以下定义:冷凝系数是表面吸收的分子数与入射到其上的分子总数之比;蒸发系数为参考工况中界面释放的流体分子数与 CPS 产生的流动分子数之比,此时符合平衡 Maxwell 分布,蒸汽密度对应于饱和线上的 CPS 温度。

Knudsen 的蒸发方案被称为"扩散方案"。目前,对于蒸发和冷凝系数的理论定义有很多不同的方法。关于水的蒸发/冷凝系数的理论研究和实验调查,请参阅文献[15]。

在文献[16]中,参量 β 是在过渡态理论的基础上定义的,过渡态理论又依赖于蒸汽和液体分子之间势能的界线。Nagayama 和 Tsuruta[16]结合了分子的势能和活化能界线。为了将分子从一相转移到另一相中,必须获得(用于蒸发)或释放(用于冷凝)活化能。在许多文献[10,16-19]中,冷凝系数通过分子动力学方法建模。Schrage[10]指出了从 CPS 反射的蒸汽分子数量计算 β 的简化特性。相反,他们通过分析气体和液体分子之间的能量交换来计算该值。Tsuruta 等[17]使用能量判据作为表面捕获入射分子的条件:气体分子的动能必须不连续地降低到液体分子的热运动能量。在文献[13]中,分子动力学方法用于模拟蒸发/冷凝过程的各种变化:平衡和非平衡条件下的纯液体、液体混合物。CPS 附近气体分子有 4 种主要行为类型:①蒸发;②反射;③冷凝;④分子交换。计算结果表明,β 明显偏离温度。Matsumoto[19]对强相变情况下蒸发/冷凝系数的标准定义表示怀疑。

1916 年,Langmuir[20]首先利用气体和液体分子的能量交换,对冷凝过程进行了理论分析。假设 CPS 上的能量交换时间与液体分子在平衡附近的振荡周期相等。由于这个周期非常小,能量交换实际上是瞬间发生的,这意味着 $\beta \approx 1$。值得注意的是,用分子动力学方法对冷凝过程进行现代建模也得到了类似的结果[21]。

大量文献涉及蒸发和冷凝系数的实验评估。文献[15]中的实验结果给出了 β 的范围:对于冷凝系数,$\beta \approx 6 \times 10^{-3} \sim 1.0$。在文献[21]中给出了更窄的实验数据范围:$\beta \approx 10^{-2} \sim 1.0$。可以假定,实验结果中如此大的差异表明结果依赖于测量方法影响。目前公认的冷凝系数实验评估方法基于分子动力学模型。此外,该方法假设气体和液体之间存在明显的几何边界。在实际中,并不是对"无限薄"的 CPS 进行建模,而是存在一个薄的(与 Knudsen 层厚度相当)瞬态层,其中介质密度从液态单调地变化到气态。根据文献[18],相界面的"模糊度"相当于液体中几个分子之间的距离。

初看起来,在连续介质力学框架中分析相界面的特征似乎很有吸引力。在这种情况下,将 CPS 视为没有厚度的几何线是绝对正确的。实际上,与 Navier - Stokes 方程中的特征线尺度相比,气 - 液边界的模糊程度总是可以忽略不计的。然而,在这种情况下,遇到了另一个矛盾:β 的标准定义变得毫无意义。实际上,入射到 CPS 上的分子可能在它们到达 CPS 之前由于与"蒸气云"的多次相互作用而减速。在这种情况下,CPS 不能视为反射分子的唯一来源。此外,在某种极限情况下,由于蒸发,分子流动远离 CPS,使分子流动完全转向界面。在这个假设的变化中,没有一个气体分子会到达 CPS,因此,实验应该得到 $\beta \rightarrow 0$。相反,如果在动力学弛豫过程中,所有朝 CPS"黏附"的分子,则应该实现相反的极限变化,即 $\beta \rightarrow 1$。

在对真空蒸发的研究[22]中,注意到 Hertz - Knudsen 方程直到现在仍经常被用来评估蒸发/冷凝的系数。在这种方法中,计算出的值偏差可能高达 3 个数量级。Julin 等[22]分析了造成这种广泛分散的可能原因。通过大量理论与实验论文对分子动力学方法的研究和分析表明,Hertz – Knudsen 方程并不可靠。实际上,这个等式只反映了 3 个守恒方程中的一个——质量通量守恒定律,并没有考虑动量和能量的守恒定律。Julin 等[22]也提出了改进的 Hertz – Knudsen 方程,水和乙醇蒸发的 127 次实验研究结果证明了该方程的合理性。在文献[23]中可以找到关于测量蒸发/冷凝系数的各种方法的研究。

2.5 线性动力学理论

2.5.1 弱过程

相变强度的定量表述为速度因子 S,它是蒸气运动速度 u 的绝对值与分子最可能的热速度 $\sqrt{2R_g T}$ 之比,即

$$s = \frac{u_\infty}{\sqrt{2R_g T}} \tag{2.23}$$

这个数值接近马赫数,$M_\infty = u_\infty / \sqrt{\left(\dfrac{c_p}{c_v}\right) R_g T_\infty}$,并与下式有关:

$$s = \sqrt{\frac{c_p}{2c_v}} M_\infty \tag{2.24}$$

式中:c_p 和 c_v 分别为气体的定压比热容和定容比热容。

在许多应用中,转移过程的强度与分子混合过程的强度相比是非常小的。因此,对于分子动力学分析来说,可以只使用参数偏离平衡的一次幂而不用更高次方幂。这种方法称为线性化方法,线性动力学理论是基于该方法的非平衡理论。

蒸发/冷凝的线性动力学理论首先由 Labuntsov[24]和 Muratova[25]提出,文献[25]中作者讨论了 Boltzmann 方程(矩量法)和 Krook 模型弛豫方程的解。通过数值解方程得到了文献[25]中的几个变量的主要结果,该结果确定了 Knudsen 层中的实际参数和外推参数的场。此外,发现基于 Boltzmann 方程和 Krook 方程的解之间的差异并不重要。线性动力学理论后续发展起来,特别是在文献[26 – 29]中。下面将考虑在开创性论文文献[25]中获得的一些结果。

2.5.2 不可渗透界面(热量传递)

在没有相变的情况下,可以得到一个不可渗透的相界面,它可以是液体表面或者是坚硬的表面。这里不存在质量输运,而热量可以根据导热机制通过界面

传输。在这种情况下,线性动力学理论得出结论:表面上的气体温度 $T_v(0)$ 与边界上的冷凝相温度不一致,即 $T_{wl} \neq T_v(0)$ (图 2.2)。发现温度变化 $T_l(0) - T_v(0)$ 与气相的近表面热流成比例,即 $q = -\lambda(\partial T/\partial x)_{x=0}$。$T_l(0) - T_v(0)$ 的值还取决于热调节系数 α,当气体分子与 CPS 相互作用时,它反映了能量交换的效率。线性动力学理论的结论关系为

$$\theta(0) = \sqrt{\pi}\,\frac{1-0.41\alpha}{\alpha}\tilde{q} \tag{2.25}$$

式中:$\theta(0) = \dfrac{T_l(0) - T_w(0)}{T}$ 为表面上的无量纲温度跃迁;$\tilde{q} = \dfrac{q}{q_\alpha} = \dfrac{q}{p_v V}$ 为表面上无量纲的热流。

在线性分析的框架中,作为无量纲参数中的特征温度 T 可以取任意温度相,即 $T \approx T_l(0) \approx T_v(0)$。如果热量从界面传递到气体,则式(2.25)中的热流量 $\tilde{q}$ 被认为是正的。当 $\alpha = 1$ 时式(2.25)可改写为

$$\theta(0) = 1.05\,\tilde{q} \tag{2.26}$$

由于气体分子的热运动,热流标定量 q_* 与通过单位参考表面传输的单向能量流量成比例,即 $q_* = p_v v = R_g \rho_v v T$。因此,关系式 $\tilde{q} = q/q_*$ 可以看作气体传热过程中的非平衡参数。式(2.26)为 CPS 的一致性条件,它重新确定了近似平衡关系,即 $\theta(0) = 0$。因此,非平衡参数 $\tilde{q}$ 的值越小,平衡近似就越合理。由于 q_* 的减小,q 为常数的气体压力减小将导致温度跃迁 $T_l(0) - T_v(0)$ 的增加。

现在考虑一个表面气体高速流动的外部流动。其中,热流的关系可以用 Stanton 数(St)表示:

$$q = \text{St}\,\rho_v u_{v\infty}(H_{vw} - H_{v\infty}) \tag{2.27}$$

式中:$H_{vw} - H_{v\infty}$ 为总的气体焓差。

有以下近似关系式:

$$\frac{u_{v\infty}}{v_\infty} \equiv s \approx M, \quad R_g = c_{pv} \tag{2.28}$$

利用式(2.28),得到

$$\frac{c_{pv}(T_l(0) - T_v(0))}{H_{vw} - H_{v\infty}} \approx \text{St} \cdot M \tag{2.29}$$

因此,马赫数的增加导致温度跃迁的增加。

2.5.3 不可渗透界面(动量传递)

黏性气体沿着不可渗透的界面流动,导致产生一个动量的切向分量,是产生

摩擦应力出现的原因。根据分子动力学描述,实际情况下界面上的气体速度(在固定的框架中)不为零,如平衡机制中所采用的那样,如图2.3所示。

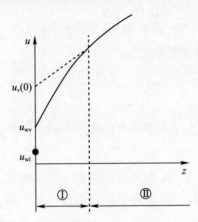

图2.3 在冷凝相表面附近区域的速度分布

线性理论表明,界面上的气体速度 $u_v(0)$(称为"滑移速度")与表面上的切向应力 τ 成正比。分子和界面的碰撞和反射导致动量的纵向分量损失。在这种情况下,有

$$\tilde{u}_v(0) = \tilde{\tau} \tag{2.30}$$

式中:$\tilde{u}_v(0) = u_v(0)/v$ 为无量纲滑移速度;$\tilde{\tau} = \tau/p_v = 2\tau/p_v v^2$ 为无量纲切向压力。

式(2.30)表明,对于非平衡参数的微小值($\tilde{\tau} = \tau/p_v \ll 1$),状态将接近平衡($u_v(0) = 0$)。$\tilde{\tau}$ 为常数时系统中压力降低会增加滑移速度。用摩擦系数 c_f 来表示切向压力,即

$$\tau = \frac{c_f}{2} \rho_v u_{v\infty}^2 \tag{2.31}$$

将式(2.31)代入式(2.30)并考虑近似估计,有

$$\frac{u_v(0)}{u_{v\infty}} \approx c_f M \tag{2.32}$$

因此,$u_v(0)/u_{v\infty}$ 随马赫数增加而增加。在高速飞行的飞机和宇宙飞船中,滑移现象非常显著。这种情况下,由于大气稀薄,运动黏度 $v_v = \mu_v/\rho_v$ 将异常的高。因此,即使在非常高的运动速度下,飞机表面的流态也可能是层流。因为对于层流有 $c_f \sim 1/\sqrt{\rho_v}$,摩擦系数将随着气体密度的降低而增加。

2.5.4 相变

在相界面蒸发和冷凝过程中，BC 比平衡近似中假定的要复杂得多。为了考虑分子动力学描述的结果，这里引入的变量如下：

- $T_1(0)$ 是冷凝相的表面温度。
- $p_{vw}(0)$ 是对应于表面温度的饱和压力，即 $p_{vw} = p_{vw}(T_1(0))$。
- $p_{v\infty}$ 是表面附近（Knudsen 层以外）的实际蒸汽压力。
- $T_v(0)$ 是 CPS 上的蒸汽温度（外推值）。
- j 是穿过 CPS 上单位面积的物质流。
- q 是穿过 CPS 上单位面积的热流（j 和 q 的正值对应于气相中输送的流量）。
- β 是蒸发 - 冷凝系数。

值得指出的是，p_{vw} 是纯粹的理论值，可能与系统中的实际压力不同。线性理论[25]的结果可以简要概括如下：

- Knudsen 层内的压力是恒定的并且等于 $p_{v\infty}$，因此冷凝相处于与蒸汽相同的压力下（不考虑弯曲边界上的表面张力）。
- 设 T_s 为理论饱和温度，实际气相压力为 $p_{v\infty}$。$T_1(0)$ 和 T 都与 T_s 不同。
- 在界面表面上存在温度跃迁，与质量流 j 及热量流 q 成比例。
- 该过程的特征在于差值 $p_{vw} - p_{v\infty}$，这是系统中的实际压力 $p_{v\infty}$ 与计算的饱和压力 p_{vw} 之间的差值，其由 CPS 的温度 $T_1(0)$ 描述。

线性理论的定量关系可以方便地写成以下无量纲数：

- 热流 $\tilde{q} = \dfrac{q}{q_v} = \dfrac{q}{p_{v\infty}V}$；
- 质量流 $\tilde{j} = \dfrac{j}{p_v V} = \dfrac{u_v}{V}$；
- 温度 $\theta(0) = \dfrac{T_1(0) - T_w(0)}{T}$；
- 压力差 $\Delta \tilde{p} = \dfrac{p_{vw} - p_{v\infty}}{p}$。

2.5.5 特定边界条件

使用上述表示法，可以写出考虑了 CPS 的非平衡效应特定的边界条件：

$$\theta(0) = 0.45\tilde{j} + 1.05\tilde{q} \qquad (2.33)$$

$$\Delta \tilde{p} = 2\sqrt{\pi}\,\frac{1-0.4\beta}{\beta}\tilde{j} + 0.44\tilde{q} \tag{2.34}$$

式(2.33)和式(2.34)是平衡一致性的必要条件,它们包含有关相变过程中非平衡现象特征的信息。假设没有质量流量通过 CPS,即 $\tilde{j}=0$。然后,式(2.33)和式(2.34)描述了不可穿透的 CPS 的温度和压力跃迁:

$$\theta(0) = 1.05\tilde{q}\ \theta(0) = 1.05\tilde{q} \tag{2.35}$$

$$\Delta \tilde{p} = 0.44\tilde{q} \tag{2.36}$$

在有限强度相变的标准条件下,当远离 CPS 的蒸汽没有过热时,可以得到条件 $\tilde{q} \ll \tilde{j}$。此外,式(2.33)和式(2.34)的假设形式为

$$\theta(0) = 0.45\tilde{j} \tag{2.37}$$

$$\Delta \tilde{p} = 2\sqrt{\pi}\,\frac{1-0.399\beta}{\beta}\tilde{j} \tag{2.38}$$

根据 Clausius – Clapeyron 关系式,可以用相应的温度差 $T_1(0) - T$ 来表示 $p_{ws} - p_{v\infty}$:

$$\left(\frac{dp}{dT}\right)_s = \frac{L\rho_v\rho_1}{(\rho_1-\rho_v)} \approx \frac{L\rho_v}{T} = \frac{L\rho_v}{R_g T^2} \tag{2.39}$$

$$p_{vw} - p_{v\infty} = \left(\frac{dp}{dT}\right)_s (T_1(0)-T_s) = \frac{L}{R_g T}\,\frac{T_1(0)-T_s}{T}p_v \tag{2.40}$$

式中:L 为相变的热量。

因此,式(2.38)假设形式为

$$\frac{T_1(0)-T_s}{T} = 2\sqrt{\pi}\,\frac{1-0.4\beta}{\beta}\,\frac{R_g T}{L}\tilde{j} \tag{2.41}$$

利用式(2.35)和式(2.41),得到

$$\frac{T_s - T_v(0)}{T} = \left(0.45 - 2\sqrt{\pi}\,\frac{1-0.4\beta}{\beta}\,\frac{R_g T}{L}\right)\tilde{j} \tag{2.42}$$

从式(2.41)可以看出,对于蒸发($\tilde{j} > 0$),有 $T_1(0) > T_s$,而对于冷凝($\tilde{j} < 0$),有 $T_1(0) < T_s$。因此,已经证明了蒸发后 CPS 上的温度比系统实际压力下的饱和温度更高(对于冷凝则更低)。这是一个物理上自然的结论。从式(2.42)可以看出,在相同的过程中,温差为 $T_s - T_v(0)$,因此在 CPS 上的蒸汽温度 $T_v(0)$ 取决于式(2.42)右侧括号内的表达式。该参数可以使用众所周知的 Trouton 规

则来估算:$L/R_{\mathrm{g}}T \approx 10$(在正常条件下)。事实证明,根据蒸发-冷凝系数的值,产生的结果符号可能会有所不同。对于 $\beta = 1$,有

$$0.45 - 2\sqrt{\pi}\,\frac{1-0.4\beta}{\beta}\frac{R_{\mathrm{g}}T}{L} \approx 0.237 > 0 \qquad (2.43)$$

因此,对于 $\beta = 1$,蒸发($\tilde{j} > 0$)导致蒸汽过冷,即 $T_{\mathrm{v}}(0) < T_{\mathrm{s}}$。在冷凝期间,CPS 上的蒸汽过热,即 $T_{\mathrm{v}}(0) > T_{\mathrm{s}}$。温差随 β 减小,当 $\beta \approx 0.6$ 时温差为零,然后改变符号。因此,在蒸发的情况下 $\beta \approx 0.3$ 时,有 $T_{\mathrm{v}}(0) > T_{\mathrm{s}}$,对于冷凝有 $T_{\mathrm{v}}(0) < T_{\mathrm{s}}$。图 2.4 所示为通过上述分析的结果,在蒸发和冷凝期间不同 β 值条件下温度 $T_{\mathrm{l}}(0)$、$T_{\mathrm{v}}(0)$ 和 T_{s} 的相对关系。式(2.40)和式(2.41)表明参数

$$\tilde{j} = \frac{j}{\rho_{\mathrm{v}}v} \qquad (2.44)$$

该参数是相变期间的非平衡参数,该参数的最小值($\tilde{j} \to 0$)证明了局部热力学平衡的近似。因此,来自开创性论文[25]的式(2.41)和式(2.42)包含关于蒸发/冷凝期间 CPS 上蒸汽的实际参数的细微信息。

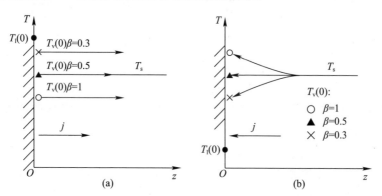

图 2.4　在蒸发和冷凝过程中不同 β 值下温度 $T_{\mathrm{l}}(0)$、$T_{\mathrm{v}}(0)$ 和 T_{s} 的相对位置

2.6　强蒸发问题

2.6.1　守恒方程

在强蒸发分析中特别重要的是确定其可能的极限强度。Landau 和 Lifshitz[30] 针对相界面微小扰动的发展进行了详细分析。在一般情况下,它分成两个声波(在气流的上游和下游传播)、熵的扰动(气体流的上游和下游)和熵的传播(与气流一起传播)。

如果蒸发速度达到声速,那么沿气流上游传播的声波"站立"在界面上。现在人们普遍认为超声速蒸发是不可能的。实际上,假定外部区域的气体流动是由理想气体的方程式来描述的。对 Euler 方程组特征性质的分析表明,在超声速流动中,任何扰动都会从界面移开。因此,即使一开始就存在超音速流域,它最终也肯定会与界面分离。这即刻暗示了无扰动从气体域向界面传播超声速蒸发的物理不可能性。因此,应该将声速蒸发状态视为可能实现的极限情况。

这里估计蒸发问题的非线性效应。假设入射分子的光谱由体积 DF 描述,其中考虑了蒸发流速受速度 u_∞ 的影响。将 f_w^- 代入积分和变换,得到一个由质量,动量和能量守恒定律组成的方程组:

$$\frac{\sqrt{\tilde{T}_\infty}}{\sqrt{\pi}\,\tilde{p}_\infty} + s \cdot \mathrm{erfc}(s) - \frac{\exp(-s^2)}{\sqrt{\pi}} = 2s \tag{2.45}$$

$$\frac{1}{2\tilde{p}_\infty} + \left(\frac{1}{2}+s^2\right)\mathrm{erfc}(s) - \frac{s \cdot \exp(-s^2)}{\sqrt{\pi}} = 1+s^2 \tag{2.46}$$

$$\frac{1}{\sqrt{\pi}\,\tilde{p}_\infty\sqrt{\tilde{T}_\infty}} + s\left(\frac{5}{4}+\frac{s^2}{2}\right)\mathrm{erfc}(s) - \left(1+\frac{s^2}{2}\right)\frac{\exp(-s^2)}{\sqrt{\pi}} = \frac{5s}{2}+s^3 \tag{2.47}$$

式中: $\tilde{p}_\infty = p_\infty/p_w$ 和 $\tilde{T}_\infty = T_\infty/T_w$ 分别为压力和温度的无量纲值;s 为式(2.23)给出的速度因子。

应该注意的是,该方程组是针对分子入射在 CPS 上被完全吸收的极限情况获得的,即 $\beta = 1$。

蒸发问题可以用常用的形式说明。假设知道 CPS 的温度 T_w,因此知道该温度下饱和蒸汽的密度 $\rho_w = \rho_s(T_w)$。假设进一步知道了在 Navier-Stokes 区域的一些蒸汽参数(如压力 p_∞)。需要找到两个未知数:温度 T_∞ 和质量流量 $j_1 = \rho_\infty u_\infty$。式(2.45)~式(2.47)的形式表明对同一问题进行以下更正式的陈述:获得 $\tilde{T}_\infty$、$\tilde{p}_\infty$ 和 M_∞ 的依赖关系 $\tilde{T}_\infty(M_\infty)$ 和 $\tilde{p}_\infty(M_\infty)$。这里 M_∞ 是与式(2.24)中速度因子相关的马赫数。

这个三元方程是超定的。这是将 DF 负的部分严格设定为式(2.21)的直接推论。从这个角度来看,考虑上述对早期真空蒸发问题的分析解。

(1) Langmuir 和 Knudsen 的解式(2.16)来自使用了 DF 式(2.21)在 $u_\infty = 0$ 情况下的质量守恒定律式(2.45)。

(2) Hertz-Knudsen 方程式(2.17)是通过将压力差引入式(2.16)得到的,并考虑了 CPS 的"分子云"的存在。

(3)"改进的"式(2.18)和式(2.20)是通过 Hertz – Knudsen 方程的半经验修正得到的。

(4)文献[11,29]的作者在线性近似中使用质量和能量守恒定律(分别为式(2.45)和式(2.47))并忽略了动量守恒定律式(2.46)。

在线性近似中考虑解[11,29]的结果：

$$\theta(0) = 0.443s \qquad (2.48)$$

$$\Delta \tilde{p} = 1.995s \qquad (2.49)$$

$\beta = 1$ 时，用线性理论把式(2.37)和式(2.38)写为：

$$\theta(0) = 0.45s \qquad (2.50)$$

$$\Delta \tilde{p} = 2.13s \qquad (2.51)$$

因此，尽管看起来很奇怪，在线性近似中，文献[11,29]的结果与精确的结果相差 2.5%（温度跃迁）和 6.5%（压力跃迁）。

式(2.45)和式(2.47)组成系统的解被认为是非常烦琐的分析关系式。无量纲质量流量是解的附加参数，即

$$\tilde{J} = 2\sqrt{\pi}\,\frac{\rho_\infty u_\infty}{\rho_w v_w} \qquad (2.52)$$

式中：$\tilde{J}$ 为质量流量与 CPS 发射的分子的单向 Maxwell 流量之比，由式(2.11)定义，它可以使用 Clausius – Clapeyron 方程中的关系来评估，如 CPS 条件和 Navier – Stokes 区域可写为

$$\tilde{p}_\infty = \tilde{p}_\infty \tilde{T}_\infty \qquad (2.53)$$

式中：$\tilde{p}_\infty = p_\infty / p_w$ 为无量纲值密度。文献[31-32]的数值结果被用于验证从式(2.45)和式(2.47)获得的解的参考结果。在这些文献中，蒸发过程用空间一维 Boltzmann 方程和 Bhatnagar – Gross – Krook 碰撞项[1]描述。如图 2.5~图 2.7 所示，在非线性近似中，文献[11,29]的解与文献[31-32]的数值解一致具有明显的误差，在声波蒸发时达到最大值($M_\infty = 1$)时：$\tilde{T}$ 误差约为 10%，$\tilde{p}$ 误差约为 20%，$\tilde{J}$ 误差约为 30%。

文献[11,29]的方法忽略了 3 个守恒方程之一，却没有提供任何依据，而且，还存在定量误差。有了这个前提，剩下的两个守恒方程组的组合具有相同的比重："质量+动量"方程和"动量+能量"方程。然而，使用这些方程进行计算会导致异常结果。因此，上述例子清楚地表明了对蒸发问题进行正确分析求解的必要性。

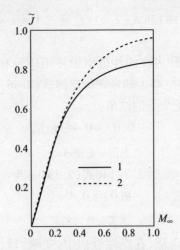

图 2.5 Navier–Stokes 区中无量纲质量流对马赫数的依赖性

1—文献[32]的数值解；2—文献[11]的数值解。

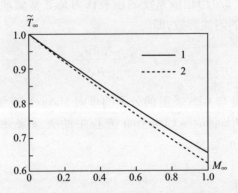

图 2.6 Navier–Stokes 区无量纲温度对马赫数的依赖性

1—文献[32]的数值解；2—文献[11]的数值解。

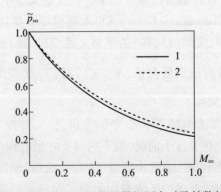

图 2.7 Navier–Stokes 区的无量纲压力对马赫数的依赖性

1—文献[32]的数值解；2—文献[11]的数值解。

2.6.2 Crout 模型

1936 年，Crout[33]提出了第一个正确的强蒸发模型。在这篇开创性的论文中，该过程的描述建立在对 CPS（"w"部分）和 Knudsen 层内的"e"条件部分之间发射分子 DF 演变的物理分析基础上。Crout[33]使用了以下两个主要假设。

(1) 最初，在 Knudsen 层中分子间碰撞作用下发射分子流的平衡光谱[式(2.1)]被"模糊"，而在"e"部分获得"椭圆体特征"，即

$$f_e^+ = \frac{n_e}{\pi^{\frac{3}{2}} v_r^2 v_z} \exp\left(-\left(\frac{c_c^2 + c_y^2}{v_r^2}\right) - \left(\frac{(c_z + u_z)^2}{v_z^2}\right)\right) \quad (2.54)$$

式中：$v_r = \sqrt{2R_g T_r}$；$v_z = \sqrt{2R_g T_z}$；T_r 和 T_z 分别为纵向和横向温度；c_z 为分子速度的法向分量；c_x 和 c_y 为平行于 CPS 的分子速度；$v_\infty = \sqrt{2R_g T_\infty}$ 和 $v_w = \sqrt{2R_g T_w}$ 为分子的热速度；下角标"w"表示 CPS 上的条件；下角标"∞"表示无穷条件。

由于流动是一维的，有 $c_x = c_y = c_r$，其中 c_r 是横向分子速度。由于分子在纵向和横向（纵向和横向温度）平均运动速度的不同测量，椭球分布函数 f_e^+ 与 Maxwell 分布函数 f_w^+ 不同。此外，关系式考虑了 u_z 在轴上的纵向速度偏移 c_z。

(2) 在"w"和"e"部分之间，分子流的质量守恒，即

$$\int_{-\infty}^{\infty} dc_x \int_{-\infty}^{\infty} dc_y \int_0^{\infty} dc_z (c_z (f_e^+ - f_w^+)) = 0 \quad (2.55)$$

分子流的动量守恒，即

$$\int_{-\infty}^{\infty} dc_x \int_{-\infty}^{\infty} dc_y \int_0^{\infty} dc_z (c_z^2 (f_e^+ - f_w^+)) = 0 \quad (2.56)$$

以及能量守恒，即

$$\int_{-\infty}^{\infty} dc_x \int_{-\infty}^{\infty} dc_y \int_0^{\infty} dc_z (c_z c^2 (f_e^+ - f_w^+)) = 0 \quad (2.57)$$

函数 f_e^+ 涉及 4 个未知数：流体动力学速度 u_z、密度 n_e 和纵向 v_z 和横向 v_r 两个热速度。式(2.55) ~ 式(2.57)也有同样的未知数。反过来，式(2.45) ~ 式(2.47)涉及两个未知数：温度 T_∞ 和压力 p_∞。因此，式(2.45) ~ 式(2.47)，式(2.55) ~ 式(2.57)组成的系统涉及 4 个未知数并且是闭合的。结果，Crout 获得了任意强度蒸发问题完整且定性的正确解。文献[33]的一个缺点是所采用近似分布函数仅适用于表面蒸发的边界条件（见文献[1]术语表）。此外，在过程强度较小的领域，该解是不准确的，它在定量上与线性理论的式(2.37)和式(2.38)不一致。

2.6.3 Anisimov 模型

1968 年,Anisimov[34]提出了由式(2.45)~式(2.47)组成闭合系统的初始观点。他假设入射在 CPS 上的分子 DF 与体积 DF 成比例:

$$f_w^- = A f_{w0}^- \tag{2.58}$$

式中:A 为自由参数;f_{w0}^- 可定义为

$$f_{w0}^- = \frac{n_w}{\pi^{\frac{3}{2}} v_w^3} \exp\left(-\frac{2c_r^2}{v_r^2} - \left(\frac{c_z - u_\infty}{v_w}\right)^2\right) \tag{2.59}$$

将式(2.58)和式(2.59)中的 f_w^- 代入式(2.11),得到以下方程组:

$$\frac{\sqrt{\tilde{T}_\infty}}{\sqrt{\pi}\,\tilde{p}_\infty} + A\left(s\,\mathrm{erfc}(s) - \frac{\exp(-s^2)}{\sqrt{\pi}}\right) = 2s \tag{2.60}$$

$$\frac{1}{2\tilde{p}_\infty} + A\left(\left(\frac{1}{2} + s^2\right)\mathrm{erfc}(s) - \frac{s\exp(-s^2)}{\sqrt{\pi}}\right) = 1 + 2s^2 \tag{2.61}$$

$$\frac{1}{\sqrt{\pi}\,\tilde{p}_\infty\sqrt{\tilde{T}_\infty}} + A\left(s\left(\frac{5}{4} + \frac{s^2}{2}\right)\mathrm{erfc}(s) - \left(1 + \frac{s^2}{2}\right)\frac{\exp(-s^2)}{\sqrt{\pi}}\right) = \frac{5s}{2} + s^3 \tag{2.62}$$

在给定的速度下,式(2.60)~式(2.62)的因子 s 涉及 3 个未知数:$\tilde{p}_\infty$,$\tilde{T}_\infty$,A。对于单原子气体,有 $M_\infty = u_\infty / \sqrt{5/3RT_\infty}$,$s = \sqrt{5/6}\,M_\infty$。在文献[34]中,考虑声波蒸发的极限情况($M_\infty = 1, s = \sqrt{5/6}$)并计算以下极限参数:

$$M_\infty = 1: \tilde{T}_\infty = 0.6691, \quad \tilde{p}_\infty = 0.2062, \quad \tilde{J}_\infty = 0.8157 \tag{2.63}$$

式(2.63)表明声速蒸发产生的蒸汽具有以下参数:$\tilde{T}_\infty \approx 2/3 T_w$,$\tilde{p}_\infty \approx 1/5 p_w$,$\tilde{J}_\infty \approx 4/5 J_1^+$。这里 J_1^+ 是 CPS 发出的单向 Maxwell 流体,见式(2.11)。物理上这意味着,在最大蒸发速度下,大约 1/5 的发射分子被入射流减速。因此,它们回到界面并在其上冷凝。Anisimov 写了一篇非常简短的非正式注释[34](只有三页)。然而,文献[34]的出色想法开启了一系列基于质量、动量和能量守恒定律的强蒸发研究。在这方面,它足以和文献[35-43]相提并论。

1977 年,Labuntsov 和 Kryukov[35],以及独立的 Ytrehus[36]将文献[34]的方法应用于整个马赫数变化区域 $0 \leq M_\infty \leq 1$,得到解析解[35-36]:

$$\sqrt{\tilde{T}_\infty} = \sqrt{1 + B^2} - B \tag{2.64}$$

$$\tilde{p}_\infty = \frac{1}{2}\exp(s^2)(C + D\sqrt{\tilde{T}_\infty}) \qquad (2.65)$$

$$\tilde{J}_\infty = 2\sqrt{\pi}\frac{s\tilde{p}_\infty}{\sqrt{\tilde{T}_\infty}} \qquad (2.66)$$

这里使用以下符号:$B = \sqrt{\pi}/8s$, $C = \exp(-s^2) - \sqrt{\pi}\,\text{serfc}(s)$, $D = (1 + 2s^2)\text{serfc}(s) - 2/\sqrt{\pi}\,s\exp(-s^2)$。1979 年,Labuntsov 和 Kryukov[37]更详细地阐述了文献[35]中的方法。文献[37]的结果与文献[31-32]的数值结果一致,$\tilde{T}_\infty(M_\infty)$关系式的偏离最大($\approx 5\%$)。

后来,Knight[38-39]使用了式(2.64)~式(2.66)构建外部大气激光烧蚀热模型。该模型将气体参数与蒸发强度联系起来。文献[38-39]处理了涉及辐射目标中的气体动力学方程和传热方程的双重问题。

2.6.4 Rose 模型

2000 年,Rose[40]提出了一种强蒸发模型,这是 Schrage 旧模型的一种修正[10]。Schrage[10]将 DF 负的部分定义如下:

$$f_w^- = (1 + Ac_z)f_{w0}^+, \quad c_z < 0 \qquad (2.67)$$

式中:f_{w0}^+为平衡 Maxwell 分布,由式(2.1)定义;A 为自由参数。

式(2.67)的形式基于文献[44]的作者在二元系中的扩散工作。Rose[40]用函数 f_{w0} 代替公式中的 f_w^+,如式(2.59)所示。按 $\tilde{p}_\infty$,$\tilde{T}_\infty$,$\tilde{J}_\infty$ 对马赫数的依赖形式得到的结果[40]与数值结果[31-32]非常吻合,关系式 $\tilde{T}_\infty(M_\infty)$ 甚至优于 Ytrehus[36]和 Labuntsov 和 Kryukov[37]给出的关系式。

2.6.5 混合模型

在 Knudsen 层内部,引入条件混合表面"m"并由其质量、动量和能量守恒定律式(2.3)~式(2.5)得出

$$\rho_w v_w - \rho_m v_m I_1 = 2\sqrt{\pi}\rho_\infty u_\infty \qquad (2.68)$$

$$\rho_w v_w^2 - \rho_m v_m^2 I_2 = 4\rho_\infty u_\infty^2 + 2\rho_\infty v_\infty^2 \qquad (2.69)$$

$$\rho_w v_w^3 - \rho_m v_m^3 I_3 = \sqrt{\pi}\rho_\infty u_\infty^3 + \frac{5}{2}\sqrt{\pi}\rho_\infty v_\infty^2 u_\infty \qquad (2.70)$$

式(2.68)~式(2.70)考虑了理想气体 $p = \rho v^2/2$ 的状态方程,使用了下列

符号：

$$I_1 = \exp(-s_m^2) - \sqrt{\pi} s_m \text{erfc}(s_m) \tag{2.71}$$

$$I_2 = \frac{2}{\sqrt{\pi}} s_m \exp(-s_m^2) - (1 + 2s_m^2) \text{erfc}(s_m) \tag{2.72}$$

$$I_3 = \left(1 + \frac{s_m^2}{2}\right) \exp(-s_m^2) - \left(\frac{5\sqrt{\pi}}{4} s_m + \frac{\sqrt{\pi}}{2} s_m^3\right) \text{erfc}(s_m) \tag{2.73}$$

式中：$s_m = u_m/v_m$ 为速度因子；u_m 为流体动力学速度；$v_m = \sqrt{2R_g T_m}$ 为热速度（所有量都在混合表面上取得）。

假设由于分子流动，截面内的混合参数与 Navier–Stokes 区域中的混合参数不同。假设在"∞"和"m"部分之间分子质量守恒（混合条件），即

$$\rho_\infty u_\infty = \rho_m u_m \tag{2.74}$$

考虑式(2.71)~式(2.74)的系统解。假设给出以下量：CPS 上的密度 ρ_w 和热速度 v_w，以及 Navier–Stokes 区域中的流体动力速度 u_∞。然后是式(2.71)~式(2.74)系统包含的 5 个未知数：密度 ρ_m、混合表面上的热速度 v_m 和流体动力速度 u_m，以及 Navier–Stokes 区域中的密度 ρ_∞ 和热速度 v_∞。为了闭合方程组，采用假设 $v_m = v_\infty$，它在物理上意味着温度相等，即 $T_m = T_\infty$。

混合模型是在本书作者的文献[42–43]中提出的。如果假设 $u_m = u_\infty$ 并且排除混合条件式(2.74)，就得到了 Anisimov 模型。因此，混合模型是最后一个模型的进一步发展。注意，在 Knudsen 层内部引入一些条件表面在某种意义上与 Crout 模型相关，尽管这里存在一个基本差异：在 Crout 模型中修改 DF 正的部分，而在混合模型中则是负的部分。

参考文献

1. Kogan MN (1995) Rarefied gas dynamics. Springer
2. Maxwell JC (1860) Illustrations of the dynamical theory of gases: part I. On the motions and collisions of perfectly elastic spheres. Philos Mag 19:19–32
3. Maxwell JC (1860) Illustrations of the dynamical theory of gases: part II. On the process of diffusion of two or more kinds of moving particles among one another. Philos Mag 20:21–37
4. Boltzmann L (1872) Weitere Studien über das Wärmegleichgewicht unter Gasmolekülen. Sitzungsberichte der Kaiserlichen Akademie der Wissenschaften. Wien Math Naturwiss Classe 66:275–370
5. Boltzmann L (2003) Further studies on the thermal equilibrium of gas molecules. The kinetic theory of gases. His Mod Phy Sci 1:262–349
6. Hertz H (1882) Über die Verdünstung der Flüssigkeiten, inbesondere des Quecksilbers, im luftleeren Räume. Ann Phys Chem 17:177–200
7. Langmuir I (1913) Chemical reactions at very low pressures. II. The chemical cleanup of nitrogen in a tungsten lamp. J Am Chem Soc 35:931–945

8. Knudsen M (1934) The Kinetic theory of gases. Methuen, London
9. Knacke O, Stranski I (1956) The mechanism of evaporation. Prog Metal Phys 6:181–235
10. Risch R (1933) Über die Kondensation von Quecksilber an einer vertikalen Wand. Helv Phys Acta 6(2):127–138
11. Schrage RWA (1953) Theoretical Study of Interphase Mass Transfer. Columbia University Press, New York Ch. 3
12. Kucherov RY, Rikenglaz LE (1960) On hydrodynamic boundary conditions for evaporation and condensation. Soviet Phys JETP 10(1):88–89
13. Zhakhovsky VV, Anisimov SI (1997) Molecular-dynamics simulation of evaporation of a liquid. J Exp Theor Phys 84(4):734–745
14. Hołyst R, Litniewski M (2009) Evaporation into vacuum: Mass flux from momentum flux and the Hertz-Knudsen relation revisited. J Chem Phys. 130(7):074707. doi:10.1063/1.30770-7206
15. Hołyst R, Litniewski M, Jakubczyk D (2015) A molecular dynamics test of the Hertz-Knudsen equation for evaporating liquids. Soft Matter 11(36):7201–7206. doi:10.1039/c5sm01508a
16. Marek R, Straub J (2001) Analysis of the evaporation coefficient and the condensation coefficient of water. Int J Heat Mass Transfer 44:39–53
17. Nagayama G, Tsuruta T (2003) A general expression for the condensation coefficient based on the transition state theory and molecular dynamics simulation. J Chem Phys 118(3):1392–1399
18. Tsuruta T, Tanaka H, Masuoka T (1999) Condensation/evaporation coefficient and velocity distributions at liquid–vapor interface. Int J Heat Mass Transfer 42:4107–4116
19. Matsumoto M (1996) Molecular dynamics simulation of interphase transport at liquid surfaces. Fluid Phase Equilib 125:195–203
20. Matsumoto M (1998) Molecular dynamics of fluid phase change. Fluid Phase Equilib 144:307–314
21. Langmuir I (1916) The evaporation, condensation and reflection of molecules and the mechanism of adsorption. Phys Rev 8:149–176
22. Julin J, Shiraiwa M, Miles RE, Reid JP, Pöschl U, Riipinen I (2013) Mass accommodation of water: Bridging the gap between molecular dynamics simulations and kinetic condensation models. J Phys Chem A 117(2):410–420
23. Persad AH, Ward CA (2016) Expressions for the Evaporation and Condensation Coefficients in the Hertz-Knudsen Relation. Chem Rev 116(14):7727–7767
24. Davis EJ (2006) A history and state-of-the-art of accommodation coefficients. Atmos Res 82:561–578
25. Labuntsov DA (1967) An analysis of the processes of evaporation and condensation. High Temp 5(4):579–647
26. Muratova TM, Labuntsov DA (1969) Kinetic analysis of the processes of evaporation and condensation. High Temp 7(5):959–967
27. Loyalka SK (1990) Slip and jump coefficients for rarefied gas flows: variational results for Lennard–Jones and n(r)–6 potentials. Phys A 163:813–821
28. Siewert E (2003) Heat transfer and evaporation/condensation problems based on the linearized Boltzmann Equation. Europ J Mech B Fluids 22:391–408
29. Latyshev AV, Uvarova LA (2001) Mathematical Modeling Problems, Methods, Applications. Kluwer Academic/Plenum Publishers, New York, Moscow
30. Bond M, Struchtrup H (2004) Mean evaporation and condensation coefficient based on energy dependent condensation probability. Phys Rev E 70:061605
31. Landau LD, Lifshits EM (1987) Fluid Mechanics. Butterworth-Heinemann
32. Gusarov AV, Smurov I (2002) Gas-dynamic boundary conditions of evaporation and condensation: Numerical analysis of the Knudsen layer. Phys Fluids 14(12):4242–4255

33. Frezzotti A (2007) A numerical investigation of the steady evaporation of a polyatomic gas Eur J Mech B Fluids 26:93–104
34. Crout PD (1936) An application of kinetic theory to the problems of evaporation and sublimation of monatomic gases. J. Math Phys 15:1–54
35. Anisimov SI (1968) Vaporization of metal absorbing laser radiation. Sov Phys JETP 27 (1):182–183
36. Labuntsov DA, Kryukov AP (1977) Intense evaporation processes. Therm Eng 4:8–11
37. Ytrehus T (1977) Theory and experiments on gas kinetics in evaporation. In: Potter JL (ed) Rarefied gas dynamics: technical papers selected from the 10th international symposium on rarefied gas dynamics. Snowmass-at-Aspen, CO, July 1976. In: Progress in Astronautics and Aeronautics. American Institute of Aeronautics and Astronautics 51: 1197–1212
38. Labuntsov DA, Kryukov AP (1979) An analysis of intensive evaporation and condensation. Int J Heat Mass Transf 22:989–1002
39. Khight CJ (1979) Theoretical modeling of rapid surface vaporization with back pressure. AIAA J 17(5):519–523
40. Khight CJ (1982) Transient vaporization from a surface into vacuum. AIAA J 20(7):950–955
41. Rose JW (2000) Accurate approximate equations for intensive sub-sonic evaporation. Int J Heat Mass Transfer 43:3869–3875
42. Zudin YB (2015) Approximate kinetic analysis of intense evaporation. J Eng Phys Thermophys 88(4):1015–1022
43. Zudin YB (2015) The approximate kinetic analysis of strong condensation. Thermophys Aeromechanics 22(1):73–84
44. Zudin YB (2016) Linear kinetic analysis of evaporation and condensations. Thermophys Aeromechanics 23(3):437–449

第 3 章
强蒸发的近似动力学分析

本章符号及其含义

A	——	自由参数
c_w	——	实验室坐标系中分子速度矢量
c_∞	——	实验室坐标系中无穷大时分子速度矢量
k_B	——	Boltzmann 常数
K	——	蒸发质量流量系数
K_{max}	——	最大相对蒸发质量流量
m	——	单个分子质量
M_m	——	混合表面的马赫数
M_∞	——	无穷时的马赫数
M_{max}	——	达到最大蒸发质量流量时的马赫数
p_w	——	表面压力
p_m	——	无穷时的压力
T_w	——	表面温度
T_m	——	无穷时的温度
ρ	——	密度

本章下脚标及其含义

max	——	Maximum,最大的
m	——	Mixing,混合
w	——	Wall,墙壁

对于真空技术、受激光辐射材料、核电厂安全壳破损时的冷却剂流出以及一些其他应用来讲,掌握有关强蒸发的规律非常重要。从冷凝相表面到充有蒸汽的半空间蒸发问题表征了气体动力学方程的边值问题。它的显著特征是在表面附近存在 Knudsen 层,由于气体分子速度分布函数的各向异性,使得微观描述变得不适用。在这个厚度为分子平均自由程的非平衡层内,任何流动都遵循 Boltzmann 方程[1]描述的微观定律。动力学分析具有特殊性在于需要解决一个复杂的共轭问题——连续介质流动区域(也称为 Navier – Stokes 区域)内气体动力学方程的宏观边界值问题以及 Knudsen 层中的 Boltzmann 方程的微观问题。而且,第一个问题的边界条件由第二个问题的解确定。在从 Navier – Stokes 区域到冷凝相表面的气体温度和压力分布的外推过程中,会出现动力学跳跃,即连续介质的边界条件与其实际值出现不一致。

如果蒸发通量远小于分子热运动的最可能速度,则在动力学分析中允许使用线性化的 Boltzmann 方程,最终形式的蒸发和冷凝线性动力学理论在文献[2]中首次提出,并在文献[3]中也有描述。水蒸气与声速相当的法向速度分量流出称为强蒸发,在这种情况下,参数的动力学跳跃与 Navier – Stokes 区域中绝对压力和温度值相当[4]。

动力学 Boltzmann 方程是三维分布函数的非线性积分 – 微分方程,仅在特殊情况下[5]才可能有精确解。该方程由于其高维度和碰撞积分的复杂结构,其数值解十分困难[6]。然而,对于大多数应用程序,有关薄 Knudsen 层中分布函数的信息是无关紧要的。在解决应用问题时,只需要正确地指定 Navier – Stokes 区域中气体动力学方程的"假设"边界条件。因此,到目前为止,在没有解决 Boltzmann 方程[4,7-10]的情况下,与气体动力学边界条件近似确定相关的动力学分析领域仍然是高度热点。

在文献[7]中应用了一个非常复杂的蒸发问题线性分析,它消除了对 Boltzmann 方程的需要。数学方法包括将线性化 Boltzmann 方程转化为 Wiener – Hopf 积分 – 微分方程,将后者转化为矩阵形式,随后在自共轭 Gohberg – Kerin 定理的基础上进行因子分析和矩阵方程的研究。值得注意的是,在后来的工作中[8],Pao 纠正了自己之前工作中的数学错误。

在文献[9]中提出了一种确定声速蒸发情况下(气体速度等于声速)的气体动力学边界条件的新方法。接下来的重要事件是文献[4,10]的发表,其中文献[9]的方法被推广到具有任意速度蒸汽流的情况。文献[4,9-10]的方法背后的思想是通过合理的物理考虑以及随后 Knudsen 层中分子流守恒方程的解得到的分布函数近似。

3.1 守恒方程

考虑一个从冷凝相表面蒸发到具有蒸汽半空间(具有单原子理想气体)的一维稳态问题。质量、动量和能量流动守恒方程如下:

$$J_1^+ - J_1^- = \rho_\infty u_\infty \tag{3.1}$$

$$J_2^+ - J_2^- = \rho_\infty u_\infty^2 + p_\infty \tag{3.2}$$

$$J_3^+ - J_3^- = \frac{\rho_\infty u_\infty^3}{2} + \frac{5}{2} p_\infty u_\infty \tag{3.3}$$

式中: J_i^+ 和 J_i^- 为 Knudsen 层中枚举量的分子流,它们由表面发射并从气体空间($i=1,2,3$)入射到表面上; J_i^+ 和 J_i^- 值是通过一种熟悉的方法计算的,即分布函数 f 相对于分子速度的三维场的积分[1]。Knudsen 层中分子流动的不平衡($J_i^+ > J_i^-$)导致公式右侧 Navier–Stokes 区域出现宏观的蒸发流动,即质量流($i=1$)、动量流($i=2$)、能量流($i=3$)。

分子运动学理论的标准假设是忽略分子从表面反射及其二次发射。假设表面发射分子的光谱与其碰撞分子的分布无关,完全由表面温度决定,即

$$f_w^+ = \frac{p_w}{k_B T_w} \left(\frac{m}{2\pi k_B T_w}\right)^{3/2} \exp\left(-\frac{m c_w^2}{2\pi k_B T_w}\right) \tag{3.4}$$

式(3.4)规定了指定温度 T_w 和该温度下的蒸汽饱和压力 $p_w(T_w)$ 下 Maxwell 平衡分布(半 Maxwell)。注意,物理上合理的式(3.4)没有严格的理论证实。因此,在文献[11]中承认"我们不知道这种边界条件的任何严谨推导"。为了确定由表面发射的分子光谱,Zhakhovskii 和 Anisimov[11] 用分子动力学方法进行了真空蒸发的数值模拟,并使用调查结果得出结论:"在低蒸汽密度的情况下,使用半 Maxwell 分布作为解决气体动力学问题的边界条件似乎是一个合理的近似。"

在与无穷处 u_∞ 的蒸发通量相关的坐标系中,以半 Maxwell 的形式[式(3.4)]规定了飞向表面 f_∞^- 分子的速度分布。因此,固定在冷凝相表面上的坐标系中,函数 f_∞^- 将沿着垂直于表面的速度分量变化,即

$$f_\infty^- = \frac{p_\infty}{k_B T_\infty} \left(\frac{m}{2\pi k_B T_\infty}\right)^{\frac{3}{2}} \exp\left(-\frac{m(c_\infty - u_\infty)^2}{2 k_B T_\infty}\right) \tag{3.5}$$

在严格的动力学方法的框架内,Knudsen 层中的非平衡分布函数是由具有边界条件式(3.4)和式(3.5)的 Boltzmann 方程边界层问题的解确定的。随着与表面的距离增加,分布函数接近平衡函数,并且从一定距离开始,进入局部 Maxwell 分布。该距离被视为 Knudsen 层的常规外边界,超过该边界,气体运动

服从气体动力学方程。众所周知,守恒方程式(3.1)~式(3.3)是继 Boltzmann 方程[1]之后的 3 个动量方程。因此,当将精确的分布函数(把 J_i^+ 和 J_i^- 的积分表达式)代入式(3.1)~式(3.3)时,后者必须转化为恒等式。在文献[9-10]中使用的方法框架内存在一个根本上不同的情况。这里求解了一个守恒方程式(3.1)~式(3.3),其中给定的分布函数在冷凝相表面上具有不连续性。这里正的半 Maxwell 式 f^+ 已经从式(3.4)中得知。它的使用引起了对发射分子流的积分 J_i^+:

$$\begin{cases} J_1^+ = \dfrac{1}{2\sqrt{\pi}} \rho_w v_w \\ J_2^+ = \dfrac{1}{4} \rho_w v_w^2 \\ J_3^+ = \dfrac{1}{2\sqrt{\pi}} \rho_w v_w^3 \end{cases} \quad (3.6)$$

式中:$v_w = \sqrt{2k_B T_w/m}$ 为表面上分子的热速度。

飞向表面的分子流动参数仍然未知,为了确定它们,必须赋值一个负的半 Maxwell 式 f^-。$M_\infty = 1$ 的强蒸发宏观理论(Navier-Stokes 区域的蒸汽流速等于声速)在文献[9]中被提出,其中作者从函数 f_w^- 与 Navier-Stokes 区域内平衡分布函数后半部分成正比的假设提出,即

$$f_w^- = Af_\infty^- \equiv Af_\infty \mid c < 0 \qquad (3.7)$$

在文献[4,10]中,文献[9]的方法被推广到马赫数整体变化范围,$0 < M_\infty < 1$。式(3.7)的使用使计算飞到表面的分子流量的积分 J_i^- 成为可能。式(3.1)~式(3.3),以式(3.6)和式(3.7)为准,经过一些变换后可得

$$\frac{\sqrt{\tilde{T}}}{\tilde{p}} - AI_1^- = 2\sqrt{\pi}\,\tilde{u}_\infty \qquad (3.8)$$

$$\frac{1}{\tilde{p}} - AI_2^- = 2 + 4\tilde{u}_\infty^2 \qquad (3.9)$$

$$\frac{1}{\sqrt{\tilde{T}}\tilde{p}} - AI_3^- = \frac{5\sqrt{\pi}}{2}\tilde{u}_\infty + \sqrt{\pi}\,\tilde{u}_\infty^3 \qquad (3.10)$$

式中:$\tilde{u}_\infty \equiv u_\infty/v_\infty$ 是与马赫数相关的速度因子,$\tilde{u}_\infty = \sqrt{5/6}M_\infty$ 及 $v_\infty = \sqrt{2k_B T_\infty/m}$ 是 Navier-Stokes 区域分子的热速度;在无穷处 $M_\infty \equiv u_\infty(5k_B T_\infty/3m)^{-1/2}$。

入射在冷凝相表面上的无量纲分子流写成

$$\begin{cases} I_1^- = \exp(-\tilde{u}_\infty^2) - \sqrt{\pi}\,\tilde{u}_\infty \operatorname{erfc}(\tilde{u}_\infty) \\ I_2^- = \dfrac{2\tilde{u}_\infty}{\sqrt{\pi}}\exp(-\tilde{u}_\infty^2) - (1+2\tilde{u}_\infty^2)\operatorname{erfc}(\tilde{u}_\infty) \\ I_3^- = \left(1+\dfrac{\tilde{u}_\infty^2}{2}\right)\exp(-\tilde{u}_\infty^2) - \dfrac{\sqrt{\pi}\,\tilde{u}_\infty}{2}\left(\dfrac{5}{2}+\tilde{u}_\infty^2\right)\operatorname{erfc}(\tilde{u}_\infty) \end{cases} \quad (3.11)$$

式中：$\operatorname{erfc}(\tilde{u}_\infty)$ 为附加概率积分。

式(3.8)~式(3.11)确定了温度比 $\tilde{T}=T_\infty/T_w$、压力比 $\tilde{p}=p_\infty/p_w$ 和自由参数 A 对速度因子 $\tilde{u}_\infty$ 的依赖性(从而影响 M_∞)。结果，在文献[4,10]中得到了一个改进的解析解，远远超过后来对强蒸发的数值研究[12-13]。值得注意的是，文献[4,10]中针对 $M_\infty \to 0$ 的解有一个正确的极限过渡到线性动力学理论的结果[2]。

3.2 混合表面

本章的目的是借助比式(3.7)更灵活的函数 f_w^- 近似进一步发展文献[9-10]的方法。众所周知[1]，分子流 J_i^+ 和 J_i^- 表达式是由分子速度的各种组合与权重函数(分子的三维速度分布函数)的积分得到的。从式(3.6)可以看出，这里密度 ρ 充当预积分因子。$f \sim \rho$ 线性关系的存在使得以下列形式重构条件式(3.7)，即

$$\rho_m = A\rho_\infty \quad (3.12)$$

式中：ρ_m 为位于 Knudsen 层内假设"混合表面"上的密度。

假设以下关系式是有效的，即

$$\rho_m u_m = \rho_\infty u_\infty \quad (3.13)$$

受到等温条件的影响，有

$$T_m = T_\infty \quad (3.14)$$

考虑到式(3.13)和式(3.14)，式(3.11)可以改写为

$$\begin{cases} I_1^- = \exp(-\tilde{u}_m^2) - \sqrt{\pi}\,\tilde{u}_m \operatorname{erfc}(\tilde{u}_m) \\ I_2^- = \dfrac{2\tilde{u}_m}{\sqrt{\pi}}\exp(-\tilde{u}_m^2) - (1+2\tilde{u}_m^2)\operatorname{erfc}(\tilde{u}_m) \\ I_3^- = \left(1+\dfrac{\tilde{u}_m^2}{2}\right)\exp(-\tilde{u}_m^2) - \dfrac{\sqrt{\pi}\,\tilde{u}_m}{2}\left(\dfrac{5}{2}+\tilde{u}_m^2\right)\operatorname{erfc}(\tilde{u}_m) \end{cases} \quad (3.15)$$

式中:$\tilde{u}_m$为混合表面上的速度因子,它是根据式(3.13)和式(3.14)确定的,即

$$\tilde{u}_m = \tilde{u}_\infty / A \tag{3.16}$$

如果将式(3.16)写成$\tilde{u}_m = \tilde{u}_\infty$,并代替式(3.14),就得到了文献[4,10]的基本模型。因此,本模型与文献[4,10]的不同之处就简化为将式(3.16)引入已得到的守恒方程组。因此,在用于闭合关系式式(3.7)的半-Maxwell式f_∞^-中,替换了$u_\infty \Rightarrow u_m \equiv A u_\infty$。

图3.1给出了通过求解式(3.1)~式(3.4)得到的T_∞/T_w和p_∞/p_w对Navier-Stokes区域中马赫数的计算依赖关系,其中方程组受式(3.6)、式(3.7)、式(3.15)和式(3.16)的影响。从图3.1可以看出,计算出的曲线实际上与文献[10]解析解的结果以及后来数值研究的结果相匹配[12]。值得注意的是,数值研究在获得达到$M_w = 1$声速蒸发过程中遇到了困难。因此在文献[12]中,最后计算的点是针对$M_w \approx 0.995$获得的,而在文献[13]中则是$M_\infty \approx 0.87$

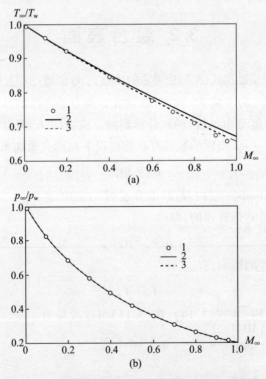

图3.1 Navier-Stokes区域中的参数与马赫数
(a)为无量纲温度;(b)为无量纲压力。
1—文献[12]的数值解;2—文献[10]的解析解;
3—通过求解方程组式(3.8)~式(3.10)得到的解。

获得的。同时,文献[4,10]的分析方法没有具体的极限。

还应提到在文献[14]中获得的解析解,其中飞到表面的分子光谱形式如下:

$$f_w^- = (1 + Ac_z)f_\infty^- \tag{3.17}$$

Rose[14]并没有在物理上证明权重积分函数式(3.17)的作用,该式包括在蒸发流动方向的分子速度 c_z。然而,他获得了与图3.1中所示的 T_∞/T_w 和 p_∞/p_w 几乎相同的计算曲线。因此,相对于在守恒方程式(3.1)~式(3.3)引入自由参数的方法,强蒸发问题的守恒性得到了充分证明。值得一提的是,在文献[13]中得出的结论:"即使对 Knudsen 层中速度分布函数作一个粗略近似,也能够确保对蒸发中的气体动力学条件进行令人满意的解析描述。"

3.3 质量流密度极限

在开始进行蒸发动力学分析的文献[15-16]中,提出了蒸发进入真空的问题。基于物理考虑,在文献[15-16]中预测,当通过 Knudsen 层时分子流 J_1^+ 必定减少。表面发射的分子流减少的原因在于存在密度为 ρ_∞ 的"分子表面云"(早期动力学工作中的经典术语)。在文献[17-18]中还研究了极限可能的蒸发质量流量的问题,在文献[19]中,由于对强蒸发问题进行了数值求解,得出了在一个平稳过程中不能达到极限质量流量 J_1^+(单侧 Maxwell 流)的结论。在文献[20]中进行了一个有趣的数值实验,解决了蒸发到真空中的蒸汽膨胀的非平衡问题。已经确定在一定时间的松弛之后,分子入射流量 J_1^- 从零增加到某个最大值。结果,蒸发质量流量 $\rho_\infty u_\infty$ 从最大值 J_1^+ 减少约20%。物理上这意味着在 Knudsen 层中碰撞后发射的约 $\frac{1}{5}$ 的分子返回到表面并冷凝在其上。

在这方面,出现了一个问题,即在 Navier-Stokes 区出现可能超过声速 $u_\infty^* = \sqrt{5k_B T_\infty/3m}$ 流动。一方面,守恒方程式(3.1)~式(3.3)不对速度 u_∞ 施加极限。同时,在文献[10,13,17-18]中显示,根据所选择的近似计算方法,最大蒸发质量流量位于马赫数的平均值 $M_\infty \equiv u_\infty (5k_B T_\infty/3m)^{-1/2} \approx 0.866 \sim 0.994$ 范围内。

众所周知[21],气体中可以传播3种类型的干扰:以流速 u 的密度扰动和两种声波传播。第一种声波以速度 u_∞ 逆向移动,第二种声波以流速 $u_\infty - u_\infty^*$ 移动。在亚音速 $u_\infty < u_\infty^*$ 蒸发期间,密度扰动向气体一侧传播,单个声波以速度 $u_\infty +$

u_∞^* 传播,让蒸发流达到声速。然后,在与表面连接的 Ewler 坐标系中,以速度 $u_\infty - u_\infty^*$ 逆向流动传播的声波将处于静止状态。由此产生窒息条件,即气体动力学扰动不能对蒸发流动传播,并且表面条件不再影响蒸汽流动。给定的物理条件指出了超音速蒸发的不可能性。

目前,在所提出模型的框架内,确定了 Maxwell 流 J_1^+ 的延迟程度。为此,从式(3.1)和式(3.6)得到了蒸发质量流量系数,它是 Navier – Stokes 区域质量流量与发射分子流量的比值:

$$K = \frac{\rho_\infty u_\infty}{J_1^+} \tag{3.18}$$

如图 3.2 所示,蒸发质量流量系数随着马赫数从零增加到某个极限值 $K_{\max} < 1$ 而增加。将计算形式扩展到超声速蒸发的非物理分支,在 $M_\infty = 0.9325$ 处产生了系数 $K(M_\infty)$ 的最大值。图 3.3 比较了计算曲线 $K(M_\infty)$ 与文献[10]的解析解的结果以及文献[12]中进行的数值研究的结果。图 3.4 显示了蒸发强度增加时混合表面上马赫数的变化。从图 3.2 中可以看出,在运动过程中,蒸汽从混合表面上升到 Knudsen 层与 Navier – Stokes 区域之间的边界的蒸汽流动速度增加,函数 $M_m(M_\infty)$ 的定性特征与函数 $K(M_\infty)$ 相同。

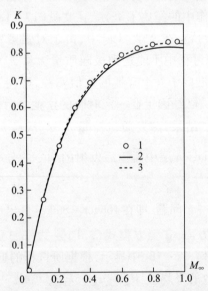

图 3.2 蒸发质量流量系数与 Navier – Stokes 区马赫数的关系
1—文献[12]的数值解;2—文献[10]的解析解;
3—文献通过求解方程组式(3.8)~式(3.10)得到的解。

混合模型是本书作者在文献[22 – 24]中提出的。

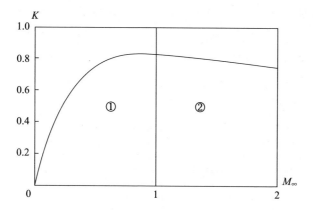

图 3.3 通过求解式(3.8)~式(3.10)系统得到的
蒸发质量流量系数与 Navier–Stokes 区马赫数的关系
1—亚声速蒸发；2—超声速蒸发。

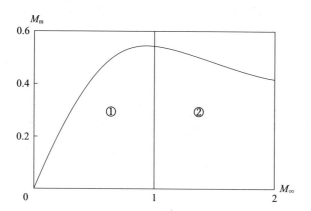

图 3.4 混合表面上的马赫数对 Navier–Stokes 区中马赫数的依赖性
①亚声速蒸发；②超声速蒸发。

3.4 小　　结

本章对强蒸发问题进行了近似动力学分析。在文献[4,10]中发展的方法补充了混合表面上和在 Knudsen 层和 Navier–Stokes 区域之间边界上质量速度相等的条件。得到的蒸汽温度，压力和蒸汽质量速度的解析解与现有的数值解和解析解吻合得很好。计算了蒸发中蒸汽流动的极限质量流量，令人感兴趣的是上述开发的模型可以进一步应用于强冷凝的问题。

参考文献

1. Kogan MN (1969) Rarefied gas dynamics. Plenum, New York
2. Muratova TM, Labuntsov DA (1969) Kinetic analysis of evaporation and condensation processes. High Temp 7(5):959–967
3. Labuntsov DA (2000) Physical foundations of power engineering. Selected works, Moscow Power Energetic Univ. (Publ.). Moscow (In Russian)
4. Labuntsov DA, Kryukov AP (1977) Processes of intense evaporation. Therm Eng 4:8–11
5. Bobylev AV (1987) Exact and approximate methods in the theory of nonlinear and kinetic Boltzmann and Landau equations. Keldysh Institute Preprints, Moscow (In Russian)
6. Aristov VV, Zabelok SA (2010) Application of direct methods of solving Boltzmann equations for modeling nonequilibrium phenomena in gases. Computing Center of the Russian Academy of Sciences, Moscow (In Russian)
7. Pao YP (1971) Temperature and density jumps in the kinetic theory of gases and vapors. Phys Fluids 14:1340–1346
8. Pao YP (1973) Erratum: temperature and density jumps in the kinetic theory of gases and vapors. Phys Fluids 16:1650
9. Anisimov SI (1968) Vaporization of metal absorbing laser radiation. Sov Phys JETP 27(1):182–183
10. Labuntsov DA, Kryukov AP (1979) Analysis of intensive evaporation and condensation. Int J Heat Mass Transf 22(7):989–1002
11. Zhakhovskii VV, Anisimov SI (1997) Molecular-dynamics simulation of evaporation of a liquid. J Exp Theor Phys 84(4):734–745
12. Frezzotti A (2007) A numerical investigation of the steady evaporation of a polyatomic gas. Eur J Mech B Fluids 26:93–104
13. Gusarov AV, Smurov I (2002) Gas-dynamic boundary conditions of evaporation and condensation: numerical analysis of the Knudsen layer. Phys Fluids 14:4242–4255
14. Rose JW (2000) Accurate approximate equations for intensive sub-sonic evaporation. Int J Heat Mass Transfer 43:3869–3875
15. Hertz H (1882) Über die Verdünstung der Flüssigkeiten, inbesondere des Quecksilbers, im luftleeren Räume. Ann Phys Chem 17:177–200
16. Knudsen M (1934) The kinetic theory of gases. Methuen, London
17. Cercignani C (1981) Strong evaporation of a polyatomic gas. In: Fisher SS (ed) Rarefied gas dynamics, Part 1, *AIAA*, vol 1, pp 305–310
18. Skovorodko PA (2001) Semi-empirical boundary conditions for strong evaporation of a polyatomic gas. In: Proceedings AIP Conference, vol 585. American Institute of Physics, New York, pp 588–590
19. Kogan MN, Makashev NK (1971) On the role of Knudsen layer in the theory of heterogeneous reactions and in flows with surface reactions. Izv. Akad. Nauk SSSR, Mekh. Zhidk. Gaza 6:3–11 (In Russian)
20. Anisimov SI, Rakhmatullina A (1973) Dynamics of vapor expansion on evaporation into vacuum *Zh*. Eksp Teor Fiz 64(3):869–876 (In Russian)
21. Landau LD, Lifshitz EM (1959) Fluid mechanics (Volume 6 of A course of theoretical physics). Pergamon Press, Oxford
22. Zudin YB (2015) Approximate kinetic analysis of intense evaporation. J Eng Phys Thermophys 88(4):1015–1022
23. Zudin YB (2015) The approximate kinetic analysis of strong condensation. Thermophys Aeromech 22(1):73–84
24. Zudin YB (2016) Linear kinetic analysis of evaporation and condensations. Thermophys Aeromech 23(3):437–449

第 4 章
强蒸发的半经验模型

本章缩略语

BC	Boundary Condition	边界条件
CPS	Condensed – phase Surface	冷凝相表面
DF	Distribution Function	分布函数

4.1 强 蒸 发

了解强蒸发定律有助于解决许多应用问题,如:激光辐射对材料的影响[1]、闪蒸冷却剂排放到真空中的参数计算[2]等。强蒸发在模拟内部大气层的基本问题中也起着重要作用。根据当前的观点[3],结冰的彗星核的强度随着彗星与太阳的距离变化而变化,其变化范围非常大并且可以达到很大的数值。

强蒸发的数学模型需要在 CPS 上设置外部流动区域(也称为 Navier – Stokes 区域)中气体动力学方程的 BC。在靠近 CPS Knudsen 层的层中气体动力学定律不再适用,该层的厚度为分子的平均自由程量级。连续介质的标准概念(密度、温度和压力等)在非平衡的 Knudsen 层中失去了现象学意义。在这种情况下,只能通过求解动力学 Boltzmann 方程[4]来进行严格的气体参数计算,其描述了分子在速度上的 DF。复杂的积分 – 微分 Boltzmann 方程的精确解只在某些具有空间均匀分布参数的特殊情况下才能求解出来[5]。即使简单的几何问题(如半空间中的气体蒸发问题等),也可以采用各种近似的方法来解决问题,例如,Boltzmann 方程简化为矩阵方程组[6-7],即通过简化方程(松弛 Krook 方程[6-8]、模型 Case 方程[9])等方法改变 Boltzmann 方程。目前,通常使用各种数值方法来模拟强蒸发模型[8,10]。

在这种情况下,当气体速度 u_∞ 远小于声速时,动力学分析能够以非线性代数方程组[6-7]或积分[9]的形式给出解。解的解析表示是通过某种或其他近似得到的。相变的分子动力学结构主要有以下几个特点。

(1) 求解有严格微观描述的 Boltzmann 方程存在巨大的数学困难,该方程决定了 Knudsen 层中的 DF。就其本身而言,Navier-Stokes 区域中系统方程的近似(宏观)问题被认为是传统问题。然而,即使是传统问题,也必须指定根据微观问题的求解方法所确定的 BC。这些不同程度问题之间的关系是分析中的一个有趣的点。"边界区域"的提出在一个世纪以来形成各种不同的观点。其中一些没有经得起时间的考验,但有些形成了令人印象深刻的"突破"的基础,这些突破在应用方面中非常重要。

(2) 假设有一个关于 DF 的 Boltzmann 方程精确解,作为推论,得到了 Navier-Stokes 区域气体动力学参数的精确公式。因此,对 CPS 的依赖性外推到 CPS 将导致其上出现温度,密度和气体压力的虚拟值,这些值与真实值不相等,并且在 CPS 上形成宏观的温度和压力跃变。

(3) 从 CPS 发射出的分子的 DF 完全由其温度决定,因此它具有各向同性的平衡特征,也就是经典的 Maxwell 分布函数。就其本身而言,入射到 CPS 的分子的流动是由于它们沿着 Knudsen 层相互碰撞并远离 CPS 而形成的,其光谱反映了表面区域的一些平均蒸汽状态。作为推论可以得出,DF 在 CPS 上具有不连续性,它在 Knudsen 层内单调平滑并且在到达 Navier-Stokes 区域的边界时消失。从某种意义上说,上述的微观跃变是外推温度和压力与 CPS 的关系得到参数的宏观跃变的最终原因。

(4) 通过一些简化,可以断言,有一个基本思想可以像所有可用的近似模型一样运行:不求解 Boltzmann 方程的情况下得到 DF,从而解决了为 Navier-Stokes 区域中气体动力学方程组设置 BC 的问题。我们将自己的上述情况和 Van der Waals 在 1873 年描述实际气体方面取得的"突破"做了对比,在他的那个时代,完美气体理论认为分子是非相互作用的材料质点,此外,在那个时候人们还没有普遍接受分子的存在。在他的博士论文中,Van der Waals 提出了两个大胆的假设:他假设每个分子占据有限的体积并且引入了分子之间的吸引力,但没有说明力的性质,从而得出了真实气体的状态方程——经典的 Van der Waals 方程。从那以后,Van der Waals 方程出现了大量修正,这些新的方程包含一些或者其他方面的改进,但是,它们基本上没有改变方程的基本形式。上述的历史实例旨在指出理论领域中创新思想的价值,目的是"规避"主方程(本书中指 Boltzmann 方程)。

已知蒸发强度可以由速度因子 $s_\infty = u_\infty/v_\infty$ 特征表示,且速度因子与马赫数成正比:$M = u_\infty / \sqrt{(c_p/c_v) R_g T_\infty}$,这里$c_p$和$c_v$分别为气体的等容和比等压热容;$v_\infty = \sqrt{2 R_g T_\infty}$是分子的热速度,即分子的均方速度;$R_g$是独立的气体常数;$u_\infty > 0$是蒸汽流动速度,即气动速度;$T_\infty$是气体温度,下角标"$\infty$"表示Navier-Stokes区域。

研究非平衡蒸发过程的理论基础是线性动力学分析,它描述了气动参数与平衡状态的微小偏差:$s_\infty \ll 0$,线性动力学理论存在于线性化Boltzmann方程的解中,可以在参见文献[6-7]。如果气体流出的速度与声速($M \approx 1$)相当,并且参数的动力学跃变与其在Navier-Stokes区域中的绝对值相当,则可以说这种情况是强蒸发。关于强蒸发的数值方法有大量研究:特别关注参见文献[8](单原子气体、弛豫Krook方程)和参见文献[10](多原子气体、Boltzmann方程,Monte Carlo方法)。

图4.1中的实线表示真实(统计平均)参数的关系曲线:密度ρ、温度T和气体动力速度u,按压力比$p_\infty/p_w = 0.3$计算。从图中可以看出,CPS中两边参数的真实值并不相等。虚线是由Knudsen层内部的气体动力外推的结果,它们分离了CPS上的宏观跃变参数。在图4.1中,横坐标为z,由分子自由路径长度l归一化。

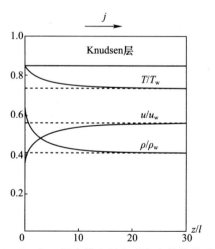

图4.1 Knudsen层中横坐标上真实参数的关系曲线

图4.1清楚地显示了强蒸发的两个不同水平的分子动力学描述。在严格(微观)的方法[6-10]中,DF由Boltzmann方程的解确定,然后DF作为权重函数来计算出口气体某一时刻的温度、密度和压力。微观方法能够提供Knudsen层的完整信息,从而确定CPS上参数的真实值和外推值。

近似(宏观)分析[11-17]是为了确定Navier-Stokes区域中气体动力学方程的BC值,为此,DF可以用自由参数近似,而自由参数是由矩方程组的解定义的。该宏观方法与其数学描述的实质简化过程有关。然而,在这种宏观方法下获得的解非常庞大,反之如果不采用这种方法的话,就需要采用数值近似。因此,这表明宏观描述需要做进一步简化,这使能够通过分析表达出所需的外推跃变。下面将以强蒸发的半经验模型的形式来介绍这种简化方法。

4.2 近似分析模型

现在回到上述关于宏观描述和微观描述之间的关系问题上来。具体表述为:在多大程度上可以对数学描述进行简化,以免过度"破坏"Navier - Stokes 区域内气体动力学方程的 BC。

这是普遍接受的观点,即求解 DF(以及 Knudsen 层中参数的真实分布)的具体细节纯粹是人们出于理论上的兴趣[4]。对于应用来说,在大多数情况下只需要知道 CPS 上参数的外推跃变值即可。同时也不应该忘记,Boltzmann 积分 - 微分方程到目前为止仍被认为是数值研究中"一块难啃的骨头",对此,一种求解方法是利用简化的弛豫关系式来替代碰撞积分。这样,Boltzmann 方程背后的微观方法数值计算就能够实现在本质上包含宏观成分。最后,即使考虑到当前计算机的快速发展,仍然不能相信直接的数值模拟能够"覆盖"整个实际应用范围。

Crout[18]于 1936 年提出了第一个强蒸发的近似分析模型。与各向同性平衡分布的情况不同,Crout[18]考虑了 Knudsen 层中气体的各向异性分子谱。他使用了与一般方法不同的 DF 椭圆体近似,其与 Maxwell DF 的不同之处在于纵向和横向上存在着不同的热速度测量值。各向异性的 DF 包含 4 个自由参数:纵向温度、横向温度、密度和速度。根据分子流量与 CPS 发射的分子转移流量相等的要求,从给定的 DF 可以计算出分子流量的质量、动量和能量这 3 个参数。蒸发过程的第 4 个参数及其特征值是由分子 CPS 和 Navier - Stokes 区域所遵守的分子流守恒定律来确定。

因此,Crout 对任意强度蒸发问题得到了一个完整且准确的解决方案。文献[18]的定量结果与文献[8,10]的数值结果吻合得很好,但文献[18]具有以下缺点:曲面上采用的分布函数近似仅在均值上适用于曲面边界条件。此外,该解决方案在低工艺强度的区域中不准确,其在定量上与线性理论的结果不匹配。不幸的是,Crout 的这一开创性成果显然远远超过了它所处的时代,但它直到现在仍不被重视。

Anisimov[11]于 1968 年在研究强蒸发问题的宏观方法上取得了新的突破。他的方法基于 DF 的近似值,其中有一个自由参数——入射到 CPS 上的分子流密度。然后,他解出了分子质量流守恒方程组以及动量和能量的法向分量,这就是矩阵链[4]方程的前3个方程。在文献[11]中,他提出了声速蒸发($M=1$)的解决方法,Anisimov的短短两页基于质量、动量和能量守恒定律的注释[11]开启了一系列关于强蒸发的研究。在文献[12-13]中,原始的单参数模型[11]扩展到了具有任意亚声速($0 \leq M \leq 1$)气流的一般情况。

本书的作者提出了DF[14-16]的双参数近似,其中流向CPS的分子流速度被认为是一个额外的自由参数。为了完善其数学描述,在Knudsen层内部的某些区域增加了"混合条件"的3个守恒方程。该双参数模型用于求解强相变-蒸发[14]和冷凝[15]问题的近似解析解。蒸发和冷凝的线性动力学解析解在文献[16]中进行了叙述,也就是文献[14-15]中计算方法的拓展演变。研究发现文献[14-16]的结果与理论分析结果文献[6-7]和文献[8,10]的数值结果一致,这一结果对于处理强相变的问题大有帮助。值得注意的是,在Knudsen层中引入中间条件面这一做法与Crout模型存在一定的共同点。然而,两者的主要差异在于:Crout的模型是一个近似于发射流的DF,而在混合模型是一个近似于流向CPS的分子流的DF。

Rose[17]提出了一种DF的单参数近似,其中DF在蒸发流方向上的分子速度的位移被认为是自由参数。似乎这种近似是根据经验得出的(在文献[17]中没有给出证明),不同于物理上合理的宏观模型(文献[11-13]中的单参数模型和文献[14-16]中的双参数模型)。然而,文献[17]的计算结果与文献[12-14]的计算结果却是一致的。

文献[12-14,17-18]的近似结果与文献[8,10]的数值结果比较,得到了令人满意的结果。通过各种方法计算得到气体参数的最大偏差如下:压力偏差约1%,质量流量偏差约2%,温度偏差约5%。值得注意的是,与所有其他研究不同,文献[18]的分析曲线$T_\infty(M)$与文献[8,10]的数值研究结果几乎完全一致。

值得指出的是,近似模型使用DF的各种近似值,有时这些值的差别很大。上述结果的一致性表明,用将自由参数引入DF的方法来对强蒸发进行宏观描述是保守的。在这方面,引用Gusarov和Smurov[8]的内容:"……即使在Knudsen层速度上对分布函数做粗略近似也可以给出令人满意的描述气体动力蒸发条件……"

4.3 可用方法分析

该方法取决于Monte Carlo方法[10]的数值模拟以及弛豫Krook方程[8]的数值解等。用数值方法求解Boltzmann方程,确定DF,并且DF在之后相应的积分

(求和不变量[4])中用作权重函数。因此,确定 Navier-Stokes 区域中某一时刻的 DF 的量包括:温度 T_∞、压力 p_∞、密度 ρ_∞ 和气体质量通量 $\rho_\infty u_\infty$。虽然数值方法是一种不断改进的计算强蒸发参数的有力工具,然而它们的效率可能受到计算时间的阻碍,并且由于存在统计干扰,其精度可能降低。数值方法在临近声速蒸发($M=1$)的过程时计算难度陡增。例如,在文献[8]中,最后的计算点对应着 $M\approx 0.86$;而在文献[10]中是 $M\approx 0.96$。最后,在数值方法的框架中,不可能将极限过程确保为 $M\to 0$,特别地,在文献[8,10]中的第一计算点对应着 $M\approx 0.1$。

DF 由线性 Boltzmann 方程的解或其近似解确定[6-7,9]。线性化过程如下:①假设 CPS(下角标"w")和 Navier-Stokes 区域(下角标"∞")中气体参数绝对值相等;②计算的目的是获得温度跃变($T_w - T_\infty \ll T_\infty$)和压力跃变($p_w - p_\infty \ll p_\infty$)的小(线性)差值;③给出了当 $M\to 0$ 时渐近性的线性分析,因此原则上来说其精确度无法评价。

DF 是有一个具有自由参数的平衡 Maxwell 分布[11-13,17]。通过求解分子质量流的守恒方程组,即动量和能量的法向分量,得到了气体出口的温度、压强(或温度和密度)和自由参数。若用两个自由参数定义一个 DF[14],则解的方法仍不变,只是方程组需要增加附加方程。与数值方法不同,近似方法可以在整个马赫数变化范围($0 \leqslant M \leqslant 1$)内求得解。

在模型[12-14]中使用的 DF 近似导致产生了一个非线性超越代数方程组,该方程组不适合用于数值计算,这表明强蒸发问题的数学描述需要进一步的简化。在下一节中提到的半经验方法可以看作是用于在近似分析法框架中获得解的近似解构造方法。

4.4 半经验模型

4.4.1 线性跃变

强蒸发的半经验模型基于以下两个假设:①线性动力学理论[6-7]充分描述了蒸发中的动力学分子现象的物理机制;②为了过渡到强蒸发问题,必须引入二次项来增大线性动力学跃变,从而描述不连续面①[19]。

将文献[6-7]的解写入线性(带上标"I")跃变参数中,线性压差为

$$\Delta p^I = F p_w s_w \tag{4.1}$$

温度的线性差为

---

① 对于气体排放到减压区域,不连续面是一个稀薄激波的前锋。

$$\Delta T^{\mathrm{I}} = \frac{\sqrt{\pi}}{4} T_{\mathrm{w}} s_{\mathrm{w}} \tag{4.2}$$

式中：$S_{\mathrm{w}} = u_{\mathrm{w}}/v_{\mathrm{w}}$ 为速度因子；u_{w} 为气体速度；p_{w}、T_{w}、ρ_{w} 分别为压力、温度和气体密度；$v_{\mathrm{w}} = \sqrt{2R_{\mathrm{g}}T_{\mathrm{w}}}$ 为热速度；下角标"w"表示是在 CPS 上的条件。

式(4.1)的右侧涉及冷凝系数 β 的函数，即

$$F(\beta) = 2\sqrt{\pi}\,\frac{1 - 0.4\beta}{\beta} \tag{4.3}$$

根据文献[4]，Knudsen 层的气体总流量是两种分子流相互作用的结果：由表面发射的分子流和从 Navier‐Stokes 区流出的不连续表面。冷凝系数 β 定义为由相间边界吸附的分子质量流量与入射到 CPS 的分子总质量流量之比。系数 β 取决于相间表面的物理性质，其取值范围为 $0 \leqslant \beta \leqslant 1$。有关计算和测量冷凝系数的各种方法可以在文献[20]中找到。

4.4.2 非线性跃变

将找出描述非线性蒸发定律参数线性跃变的二次项（上标"Ⅱ"）。为此，假设在 CPS 上存在不连续的气体动力学参数，该参数由 Rankine‐Hugoniot 方程描述[19]。实际上，这个猜想意味着线性动力跃变被叠加在了稀疏冲击波上。在这种情况下的波压差为

$$\Delta p_{\infty}^{\mathrm{II}} = \rho_{\infty} u_{\infty}^2 - \rho_{\mathrm{w}} u_{\mathrm{w}}^2 \tag{4.4}$$

波温差为

$$\Delta T_{\infty}^{\mathrm{II}} = \frac{1}{2c_{\mathrm{p}}}(u_{\infty}^2 - u_{\mathrm{w}}^2) \tag{4.5}$$

根据动力学分析的概念[7]，CPS 分子的液体侧处于混沌热运动状态，其平均速度为零。当转移到 CPS 的气体侧时，分子不连续地加速从而形成从相界面流出的气流。基于此，为增大参数式(4.4)和式(4.5)的波动差，应该考虑从 CPS 上逃逸的气流的加速度项：

$$\Delta p_0^{\mathrm{II}} = \frac{1}{2}\rho_{\mathrm{w}} u_{\mathrm{w}}^2 \tag{4.6}$$

$$\Delta T_0^{\mathrm{II}} = \frac{1}{2}\frac{u_{\mathrm{w}}^2}{c_{\mathrm{p}}} \tag{4.7}$$

式(4.6)是从 Bernoulli 方程得来的，式(4.7)是由理想气体滞止焓的定义得来的。从式(4.4)~式(4.7)可以得到了非线性压力跃变参数的总非线性微分（通过激波的跃迁加上流动的加速度），即

$$\Delta p^{\mathrm{II}} \equiv \Delta p_\infty^{\mathrm{II}} + \Delta p_0^{\mathrm{II}} = \rho_\infty u_\infty^2 - \frac{1}{2}\rho_w u_w^2 \qquad (4.8)$$

非线性温差为

$$\Delta T^{\mathrm{II}} \equiv \Delta T_\infty^{\mathrm{II}} + \Delta T_0^{\mathrm{II}} = \frac{u_\infty^2}{2c_p} \qquad (4.9)$$

4.4.3 跃变综述

将线性和非线性跃变参数相加,得到压力差方程为

$$\Delta p \equiv p_w - p_\infty = \Delta p^{\mathrm{I}} + \Delta p^{\mathrm{II}}$$

温度差方程为

$$\Delta T \equiv T_w - T_\infty = \Delta T^{\mathrm{I}} + \Delta T^{\mathrm{II}}$$

基于式(4.1)、式(4.2)、式(4.8)、式(4.9),最终可以得到

$$\Delta p = F p_w s_w + \rho_\infty u_\infty^2 - \frac{1}{2}\rho_w u_w^2 \qquad (4.10)$$

$$\Delta T = \frac{\sqrt{\pi}}{4} T_w s_w + \frac{1}{2}\frac{u_\infty^2}{c_p} \qquad (4.11)$$

式(4.10)和式(4.11)是上述半经验模型的最终关系式,其余的计算本质上都是技术性的工作。

4.4.4 设计关系

Navier–Stokes 区域中的无量纲气体参数值:压力 $\tilde{p} = p_\infty/p_w$,温度 $\tilde{T} = T_\infty/T_w$,密度 $\tilde{\rho} = \rho_\infty/\rho_w$,这些量与理想气体的状态方程有关,即

$$\tilde{p} = \tilde{\rho}\tilde{T} \qquad (4.12)$$

再得出理想多原子气体的比等容热容 c_v 和比等压热容 c_p 的表达式

$$c_v = \frac{i}{2}R, \quad c_p = \frac{i+2}{2}R \qquad (4.13)$$

式中:i 为气体分子的自由度:单原子气体 $i=3$,双原子气体 $i=5$,多原子气体 $i=6$。

将式(4.10)和式(4.11)表示 Navier–Stokes 区域的气体温度 T_∞ 和气体压力 p_∞ 改为无量纲形式,由式(4.12)和式(4.13)表示为

$$\tilde{p} + F s_w + \left(\frac{2}{\tilde{\rho}} - 1\right)s_w^2 - 1 = 0 \qquad (4.14)$$

$$\tilde{T} + \frac{\sqrt{\pi}}{4}s_w + \frac{2}{i+2}\frac{s_w^2}{\tilde{\rho}^2} - 1 = 0 \qquad (4.15)$$

假设从 CPS 排出的气体质量流量定义为① $j_w \equiv \rho_w u_w$，并且提出在 CPS 上和 Navier–Stokes 区域质量流量相等的可靠物理假设 $j_w = j_\infty$。其表明了 CPS 上的速度因子 s_w 和气动区域的速度因子 s_∞ 之间的关系，即

$$s_w = s_\infty \tilde{\rho} \sqrt{\tilde{T}} \qquad (4.16)$$

使用 Navier–Stokes 区域中的马赫数作为一个自变量：

$$M = \sqrt{\frac{2i}{i+2}} s_\infty \qquad (4.17)$$

鉴于式(4.3)方程组式(4.12)~式(4.17)对强蒸发的半经验模型做出了闭合描述。从该等式中，还可以得出从 Knudsen 层排出的无量纲气体质量流：

$$\tilde{J} \equiv 2\sqrt{\pi}s_w = \frac{j_\infty}{j_M} \qquad (4.18)$$

其中

$$j_M = \frac{\rho_w V_w}{2\sqrt{\pi}} \qquad (4.19)$$

式(4.19)是由表面发射的质量分子流（也称为"单向 Maxwell 流"）。根据文献[4]，早期的经典动力学理论提出了真空蒸发的问题：$j_\infty = j_M$，$\tilde{J} = 1$。后来，又对这个问题进行了细化的描述，考虑到由于相界面附近存在"屏蔽蒸汽云"会使麦克斯韦流量停滞，从而得出 $j_\infty < j_M$，$\tilde{J} < 1$。

4.5　半经验模型的验证

可以考虑将这种方法下得到的结果与可用解一致性作为半经验模型是否有效的标准。下面，将介绍以下 3 个参数的比较结果：马赫数 M、冷凝系数 β 和气体分子的自由度数 i。

4.5.1　单原子气体($\beta = 1$)

在图 4.2 中，将式(4.12)~式(4.18)的计算结果与文献[13]中的单原子气体($\beta = 1$)蒸发情况的结果相比较，二者无量纲质量通量 $\tilde{J}$ 与马赫数（图 4.2

---

① 严格来说，CPS 物理上的敏感性参数是温度 T_w、密度 ρ_w；压力 p_w 和速度 u_w 为参考值。

(a))的关系曲线实际上是相同的。在 $M=1$ 附近的微小差异(小于2%)可能是因为文献[13]中的 $\tilde{J}(M)$ 最大值是在点 $M \approx 0.879$ 处得到的,而在计算中它是在声速蒸发 $M=1$ 处得到的。Navier – Stokes 区域无量纲蒸汽温度曲线的最大偏差为3%,如图4.2(b)所示;无量纲压力的相应曲线最大偏差为2%,如图4.2(c)所示。需要注意的是,半经验模型的计算实际上重复了本书作者在文献[14-16]中提出的混合模型。表4-1将这些结果与声速蒸发 $M=1$ 做了比较。

马赫数的增加将导致以下的定性趋势:①CPS 发射出的质量流量将增长得更加缓慢,在 $M=1$ 处达到最大值;②出口蒸汽温度几乎呈线性减小(最多减小极值的1/3);③蒸汽压力有延迟地明显下降(约为极值的1/5)。

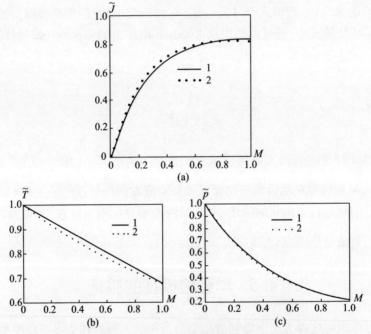

图4.2 Navier – Stokes 区域中参数与马赫数的关系
(a)无量纲质量通量;(b)无量纲温度;(c)无量纲压力。
1—由式(4.12)~式(4.18)计算;2—文献[13]的结果。

表 4.1 声速蒸发($M=1$)

半经验模型的计算结果与文献[14]的计算结果对比

参数	半经验模型	文献[14]
$\tilde{T}_\infty$	0.672	0.657
$\tilde{p}_\infty$	0.209	0.208
$\tilde{j}$	0.826	0.829

有意义的是可以估计两种组分在压力和温度差中的相对贡献(图4.3):线性组分为

$$\delta p^{\mathrm{I}} = \frac{\Delta p^{\mathrm{I}}}{\Delta p}, \quad \delta T^{\mathrm{I}} = \frac{\Delta T^{\mathrm{I}}}{\Delta T} \quad (4.20)$$

非线性组分为

$$\delta p^{\mathrm{II}} = \frac{\Delta p^{\mathrm{II}}}{\Delta p}, \quad \delta T^{\mathrm{II}} = \frac{\Delta T^{\mathrm{II}}}{\Delta T} \quad (4.21)$$

图4.3(a)表明,压力差δp^{I}和δp^{II}即使在声速蒸发$M=1$的情况下也是可以度量的。可以看出温度差的线性分量δT^{I}在马赫数整个变化范围内大幅增加了非线性项δT^{II},如图4.3(b)所示。

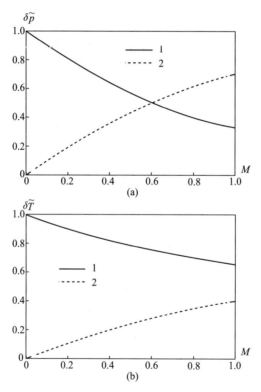

图4.3 线性和非线性动力学跃变的相对贡献
(a)压力跃变;(b)温度跃变。
1—线性;2—非线性。

4.5.2 单原子气体($0 < \beta \leq 1$)

图4.4描绘了在3个不同β值条件下,$\tilde{J}$、$\tilde{T}$、$\tilde{p}$与马赫数的关系曲线。线

性压力跃变式(4.1)涉及的参数 F 考虑了冷凝系数的影响。β 的减少导致质量通量(图4.4(a))和压力(图4.4(c))的减小以及气动区域的温度增加(图4.4(b))。冷凝系数的减小具有以下定性趋势:①曲线 $\tilde{J}(M)$ 明显降低;②曲线 $\tilde{T}(M)$ 变得越来越凸;③曲线 $\tilde{p}(M)$ 急剧下降。

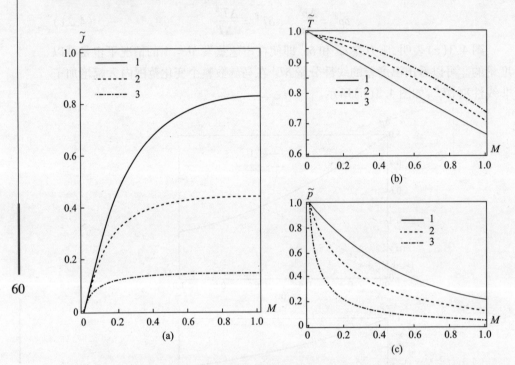

图 4.4　Navier–Stokes 区域中的参数与马赫数在不同冷凝系数下的关系曲线
(a)无量纲质量通量;(b)无量纲温度;(c)无量纲压力。
1—$\beta=1$;2—$\beta=0.5$;3—$\beta=0.15$。

4.5.3　声速蒸发($0<\beta\leqslant 1$)

图 4.5 所示为 $\tilde{J}$、$\tilde{T}$、$\tilde{p}$ 与冷凝系数在声速蒸发情况($M=1$)下的关系曲线。曲线 $\tilde{J}_1\equiv\tilde{J}|_{M=1}$ 和 $\tilde{p}_1\equiv\tilde{p}|_{M=1}$ 的趋势几乎相同。但是 $\tilde{T}_1\equiv\tilde{T}|_{M=1}$ 随着 β 的变化却完全不同。根据计算,冷凝系数的减小使 Navier–Stokes 区域中气体温度线性增长,但在文献[13]中结果显示为 $\tilde{T}_1=\text{idem}$。冷凝系数的降低具有以下定性的影响:①从 CPS 发出的质量通量几乎线性地降低到零;②"声速温度"几乎保持不变;③"声压"降低为零。

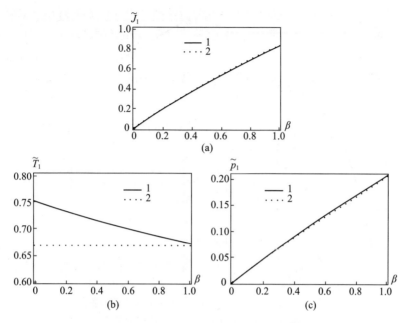

图 4.5 声速蒸发，Navier – Stokes 区域中的参数与冷凝系数的关系
(a)无量纲质量通量；(b)无量纲温度；(c)无量纲压力。
1—由式(4.12)～式(4.18)计算；2—文献[13]的计算结果。

4.5.4 多原子气体($\beta = 1$)

Cercignani[21]首先使用矩量法解决了多原子气体的强蒸发问题，Frezzotti[10]在区间 $0.1 \leqslant M \leqslant 0.96$ 内通过 Monte Carlo 数值法研究了上述情况。在半经验模型的内容里，气体分子自由度数的影响取决于理想气体的比热容[式(4.13)]。图 4.6 所示为多原子气体的 $\tilde{J}$、$\tilde{T}$、$\tilde{p}$ 与马赫数的关系。气体的质量流量似乎会随着气体分子自由度的增加而减少，如图 4.6(a)所示；而 Navier – Stokes 地区的温度和压力却随之增加，如图 4.6(b)和(c)所示。表 4 – 2 将 $M = 0.96$、$i = 3$，5，6 条件下半经验模型的计算结果与文献[10]中的结果进行了比较。

表 4.2　$M = 0.96$ 时，半经验模型的计算结果与文献[10]的计算结果的对比

参数	半经验模型	文献[10]	半经验模型	文献[10]	半经验模型	文献[10]
	$i = 3$		$i = 5$		$i = 6$	
$\tilde{T}_\infty$	0.685	0.667	0.757	0.763	0.779	0.793
$\tilde{J}$	0.826	0.836	0.809	0.807	0.804	0.798

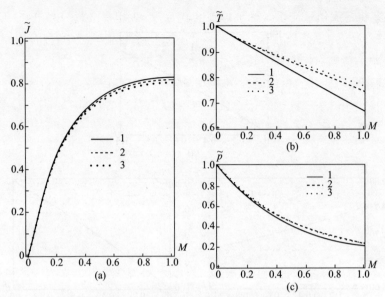

图 4.6 多原子气体,Navier–Stokes 区域中的参数与
马赫数对应气体分子自由度各种值的关系
(a)无量纲质量通量;(b)无量纲温度;(c)无量纲压力。
1—$i=3$;2—$i=5$;3—$i=6$。

4.5.5 最大质量流量

Skovorodko[22]第一个发现文献[21]的理论关系 $\tilde{J}(M)$ 在 $i=3,5,6$ 和区间 $0.8 \leq M \leq 0.9$ 条件下具有非物理最大值的特征。Sone 和 Sugimoto[22] 提出了一个半经验模型来校正气体的近声速参数,此方法是基于 Knudsen 层中质量、动量和能量流动的守恒定律。校正是基于文献[23]的单原子气体中 Boltzmann 方程的数值结果,Sone 和 Sugimoto[22]也获得了气体质量通量、温度和气体压力的物理基础值。表 4-3 为 $i=3,5,6$ 和 $M=1$ 条件下半经验模型的计算结果与文献[22]中的计算结果的比较。

表 4.3 声速蒸发($M=1$)时,半经验模型的计算结果
与文献[22]中的计算结果的对比

参数	半经验模型	文献[22]	半经验模型	文献[22]
	$i=5$		$i=6$	
$\tilde{T}_\infty$	0.749	0.758	0.771	0.791
$\tilde{p}_\infty$	0.236	0.2366	0.244	0.245
$\tilde{j}$	0.809	0.805	0.804	0.796

上述将最大质量流量坐标平移到区域 $M_{max} < 1$ 也是文献[13-14]中近似模型的特征,见表4-4。相比之下,在文献[24]的第一个模型中,复合 DF 的使用使得最大坐标转换到了区域 $M_{max} > 1$。Mazhukin 等[24]在他们的第二个模型"……通过使用额外的校正参数……"达到了 $\tilde{J}(M)$ 所需的最大值与点 $M_{max} = 1$ 对齐,同时承认"……这种校正系数的使用绝不是唯一的……",见表4-4。

表4.4 各种模型达到最大蒸汽质量通量时马赫数的值

文献	[18]	[13]	[14]	[24]模型一	[24]模型二	半经验模型
M_{max}	0.954	0.879	0.928	1.11	1.0	1.0

值得指出的是,半经验模型能够唯一地预测任意自由度 i 的气体分子在 $M_{max} = 1$ 条件下的 $\tilde{J}(M)$ 最大值。图4.7所示为质量通量与马赫数的关系曲线中的声速最大值。该模型的这一重要性质似乎来自稀薄激波理论得出的结论[19]:在超声速流动中,任何扰动都与表面有关;如果超声速流的区域从开始就存在,而且又不稳定,并且应该与表面分离。

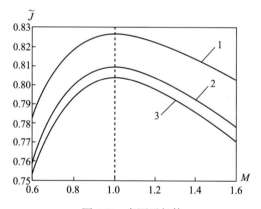

图4.7 多原子气体
质量通量与马赫数关系中的声速最大值
1—$i=3$;2—$i=5$;3—$i=6$。

相应地,图4.7中的区域 $M > 1$ 在物理上是不可实现的,其作用是用来说明在 $M = M_{max} = 1$ 时存在 $\tilde{J}(M)$ 的最大值。值得指出的是超声速蒸发不存在的结论最先在早期的文献[18]中存在论述,后来被 Crout 证明[11]。

正是如此,半经验模型使人们能够准确地描述以下参数对强蒸发参数的影响:马赫数,冷凝系数和气体分子自由度,这表明该模型的物理假设能够充分表示强蒸发的动力学规律。

通过上述分析可以得出以下结论。

（1）在宏观动力学方法框架内进行的研究支撑了计算结果相对于 DF 近似法具有一定保守性的猜想。

（2）对强蒸发近似研究的分析表明，高度简化的 DF 近似可实现微观描述转变为宏观描述过程。本章提出了以下简化阶段：从宏观描述过渡到半经验描述，证明了这种方法提供了一个相对较好的压力和温度的外推跃变描述。

（3）考虑到稀薄激波传播的物理特性，当蒸发气体达到声速时，可以精确地满足蒸发质量流量与马赫数的关系中取得最大值的条件。

（4）对于 $0<\beta\leq 1$ 范围内的单原子和多原子气体以及极限质量通量，证明了半经验模型内的数值和近似解析解的结果可以达到非常好的一致性。这一重要事实表明，此类半经验模型比一个好的近似更重要。

（5）求得的计算结果支撑了半经验模型中看似有争议的假设：①蒸发运动分子现象的物理机制可以用线性动力学理论充分描述；②为了过渡到强蒸发问题，线性跃变应该用不连续表面的二次项来强化描述。

4.6 小　　结

在宏观模型的框架下，强蒸发参数的计算结果与分布函数的近似方法相比较来说是保守的。本章提出了一种基于线性动力学理论的强蒸发半经验模型：通过对线性分量和二次分量求和，得到冷凝相表面上的密度和温度的外推跃变，线性跃变的表达式取自蒸发的线性动力学理论，非线性项是根据稀薄激波的关系式计算得到，并且适当考虑了对气体出口加速度的校正。同时，也分析了气体动力学区域中蒸汽参数与马赫数，冷凝系数和气体分子自由度数的关系。除此之外，半经验模型的计算结果也与现有的分析和数值研究的结果相吻合，当蒸发气体达到声速时，可以精确地满足蒸发质量流量与马赫数的关系中取得最大值的条件。所提出的模型可用于计算具有强蒸发的冷凝相表面上的压力和温度的外推跃变。

参考文献

1. Gusarov AV, Smurov I (2002) Gas-dynamic boundary conditions of evaporation and condensation: numerical analysis of the Knudsen layer. Phys Fluids 14(12):4242–4255
2. Larina IN, Rykov VA, Shakhov EM (1996) Evaporation from a surface and vapor flow through a plane channel into a vacuum. Fluid Dyn 31(1):127–133
3. Crifo JF (1994) Elements of cometary aeronomy. Curr Sci 66(7–8):583–602
4. Kogan MN (1995) Rarefied gas dynamics. Springer, Berlin
5. Bobylev AV (1984) Exact solutions of the nonlinear Boltzmann equation and of its models. Fluid Mech Soviet Res 13(4):105–110

6. Labuntsov DA (1967) An analysis of the processes of evaporation and condensation. High Temp 5(4):579–647
7. Muratova TM, Labuntsov DA (1969) Kinetic analysis of the processes of evaporation and condensation. High Temp 7(5):959–967
8. Gusarov AV, Smurov I (2001) Target-vapour interaction and atomic collisions in pulsed laser ablation. J. Physics D: Applied Physics 34(8):1147–1156
9. Latyshev AV, Yushkanov AA (2008) Analytical methods in kinetic theory methods. MGOU, Moscow (in Russian)
10. Frezzotti AA (2007) A numerical investigation of the steady evaporation of a polyatomic gas. Europ J Mech B: Fluids 26:93–104
11. Anisimov SI (1968) Vaporization of metal absorbing laser radiation. Sov Phys JETP 27(1):182–183
12. Labuntsov DA, Kryukov AP (1977) Intense evaporation processes. Therm Eng 4:8–11
13. Labuntsov DA, Kryukov AP (1979) Analysis of intensive evaporation and condensation. Int J Heat Mass Transf 2:989–1002
14. Zudin YB (2015) Approximate kinetic analysis of intense evaporation. J Eng Phys. Thermophys 88(4):1015–1022
15. Zudin YB (2015) The approximate kinetic analysis of strong condensation. Thermophys Aeromech 22(1):73–84
16. Zudin YB (2016) Linear kinetic analysis of evaporation and condensation. Thermophys Aeromech 23(3):437–449
17. Rose JW (2000) Accurate approximate equations for intensive sub-sonic evaporation. Int J Heat Mass Transfer 43:3869–3875
18. Crout PD (1936) An application of kinetic theory to the problems of evaporation and sublimation of monatomic gases. J Math Phys 15:1–54
19. Zeldovich YB, Raizer YP (2002) Physics of shock waves and high-temperature hydrodynamic phenomena. Courier Corporation, North Chelmsford
20. Kryukov AP, Levashov VY, Pavlyukevich NV (2014) Condensation coefficient: definitions, estimations, modern experimental and calculation data. J. Eng Phys Thermophys 87(1):237–245
21. Cercignani C (1981) Strong evaporation of a polyatomic gas. In: Rarefied gas dynamics, International Symposium, 12th, Charlottesville, VA, July 7–11, 1980, Technical Papers. Part 1, American Institute of Aeronautics and Astronautics, New York, pp 305–320
22. Skovorodko PA (2000) Semi-empirical boundary conditions for strong evaporation of a polyatomic gas. In: T. Bartel, M. Gallis (eds), Rarefied gas dynamics, 22th International Symposium, Sydney, Australia, 9–14 July 2000. In: AIP Conference Proceedings 585, American Institute of Physics, Melville, NY. 2001, pp 588–590
23. Sone Y, Sugimoto H (1993) Kinetic theory analysis of steady evaporating flows from a spherical condensed phase into a vacuum. Phys Fluids A 5:1491–1511
24. Mazhukin VI, Prudkovskii PA, Samokhin AA (1993) About gas-dynamical boundary conditions on evaporation front. Matematicheskoe modelirovanie 5(6):3–10 (in Russian)

第 5 章
强冷凝的近似动力学分析

本章符号及其含义

c	——	分子速度矢量
c_x, c_y	——	分子速度矢量平行于表面投影到 x、y 轴上的分量
c_z	——	分子速度垂直于表面的分量
f	——	分布函数
IK	——	无量纲分子通量
J	——	分子通量
j	——	质量流量
k_B	——	玻耳兹曼常量
m	——	分子质量
M	——	马赫数
n	——	分子气体密度
p	——	压力
$\tilde{p}$	——	压力比
T	——	温度
$\tilde{T}$	——	温度比
u	——	水动力速度
v	——	水动力速度矢量
$\tilde{u}$	——	速度因子
v	——	分子的热速度

本章希腊字母符号及其含义

$\alpha_\rho, \alpha_v, \alpha_u$ —— 系数

ρ —— 密度

ε —— 椭球参数

本章上角标及其含义

w —— 冷凝相表面

δ —— 混合表面

∞ —— 无穷

1 —— 质量流量

2 —— 动量通量

3 —— 能量通量

  近年来,人们对新的基础性和应用问题越来越关注,这些问题主要集中在强相变方面的研究,如蒸发和冷凝问题,在许多工艺研究过程中都会出现这类问题。在应用激光方法进行材料处理时,了解蒸发过程(目标表面进行的热激光烧蚀)和冷凝过程(膨胀的蒸汽云与目标相互作用)的规律至关重要[1]。电力行业面临着因大量冷液体和热蒸汽之间快速接触引起意外情况的风险。两相的冲击在蒸汽中产生稀疏波的脉冲,此波伴随着压力的急剧变化和强冷凝[2]的产生。当太阳辐射到达彗星表面时,冰核的强烈蒸发会产生大气,蒸发质量通量的强度随着从彗星到太阳距离的变化而变化,范围很广,并且可以达到很高的水平。蒸发的时变性质对彗星大气密度和大气流动有很大影响[3]。

  在强相变的数学模拟中,冷凝相界的边界条件由 Boltzmann 动力学方程的解来确定[4]。Boltzmann 方程描述了 Knudsen 层内部(从气体侧接触表面)的流动,其厚度约为几个分子自由程。在文献[5-6]中,最终提出了描述低速下蒸发(冷凝)的线性动力学理论,该理论基于线性化的 Boltzmann 方程。当穿过表面的蒸汽速度与声速相当时,此相变过程称为强蒸发(或强冷凝)。对于强相变,黏度和热导率对热量和流体流动的影响减弱,因此在 Knudsen 层后面的外部 Navier-Stokes 区域中流动由气体方程组来描述[4]。

  通过参数的宏观跃变,如温度、密度和气体压力,可以描述强蒸发或强冷凝,这些参数用作连续介质的边界条件(不同于表面的值)。在一般情况下,由冷凝相表面发射的分子与进入的气相分子具有不同的光谱。因此,分子速度分布呈现出不连续性(有微观跃变),其在 Knudsen 层内逐渐减弱并且在到达 Navier-Stokes 区域的边界时彻底消失。

  在 Knudsen 层中 Boltzmann 方程需要考虑不同尺度的相互关联问题,在

Navier – Stokes 区域需要考虑宏观边值问题,这体现了动力学分析的复杂性。同时,第二个问题的外推边界条件取自第一个问题的解,已经证明只有在 Boltzmann 方程的基础上才能进行精确的动力学分析[4-7]。可以从文献[8]中得到一个启发,即在不使用任何 Boltzmann 方程的情况下就可以导出 Euler 方程的外推边界条件。文献[8]的作者使用了复杂的数学过程,包括将线性化 Boltzmann 方程转换为积分微分 Wiener – Hopf 方程,然后将其转换为矩阵形式,并对矩阵方程进行分解,最后使用 Gohberg – Krein 自共轭矩阵的 Kerin 定理研究该方程。然而,在其下一篇文献[9]中,文献[8]的作者承认以前的结果是错误的。

在没有求解 Boltzmann 方程的情况下进行显微分析是不可行的,但这并没有否定 Navier – Stokes 区域与冷凝相表面共轭宏观尺度方法中的缺陷。应用动力学分析的目的是对 Euler 方程解的表面进行外推。简化的问题陈述为分布函数的积分形式开辟了新的思路,而不再是详细的研究[4]。另外,Boltzmann 方程[10-11]的高精度数值解的得出使得找到分布函数所需参数变成可能,这就为应用近似解法创造了有效验证近似解的机会。本研究的目标是得出强冷凝问题的近似解析解。

5.1 宏观模型

该模型动力学分析的主体在于三维分子速度分布 $f = f(c)$,它与 Navier – Stokes 区域内的平衡 Maxwell 分布不同,即

$$f_\infty = \frac{n_\infty}{\pi^{3/2} v_\infty^3} \exp\left(-\left(\frac{c - u_\infty}{v_\infty}\right)^2\right) \tag{5.1}$$

对于冷凝相表面的不连续分布函数:

$$c_z > 0 : f_w = f_w^+ \tag{5.2}$$

$$c_z < 0 : f_w = f_w^- \tag{5.3}$$

表面所发射的分子分布函数 f_w^+ 是在表面温度为 T_w,以及该温度对应饱和压力 $p_w(T_w)$ 下的平衡半 Maxwell 分布,即

$$f_w^+ = \frac{n_w}{\pi^{3/2} v_w^3} \exp\left(-\left(\frac{c}{v_w}\right)^2\right) \tag{5.4}$$

式中:$n_\infty = p_\infty / k_B T_\infty$ 和 $n_w = p_w / k_B T_w$ 分别为无穷远处和冷凝相表面的气体分子密度;c 和 u_∞ 分别为分子和流体的动力学速度矢量;c_z 为表面处分子速度的法向量;$v_\infty = \sqrt{2k_B T_\infty / m}$ 和 $n_w = \sqrt{2k_B T_w / m}$ 分别为分子在无限远处和冷凝相表面

的热速度。

注意，物理上看似合理的式(5.3)缺乏任何理论基础。例如，文献[12]的作者写道："这种边界条件的任何一种基本推导过程都是未知的。"文献用分子动力学法去模拟表面发射的分子到真空的光谱，这项研究得出了一个结论："对于低密度蒸汽的情况，使用半 Maxwell 分布作为解决气体动力学问题的边界条件似乎是一个合理的近似"。

考虑静止蒸汽(理想的单原子气体)的半空间蒸发(冷凝)问题。对于一维变量，流体动力学速度矢量 $\boldsymbol{u}_\infty$ 退化为蒸发(冷凝)速度标量 u_∞。在稳定的条件下，通过平行于表面的任何平面的质量、动量和能量的分子流是相等的。如果使用边界条件式(5.1)，这将有助于用无穷远处的流动参数来表示通量，下面给出分子的质量通量为

$$\int_c mc_z f \mathrm{d}\boldsymbol{c} = \rho_\infty u_\infty \tag{5.5}$$

动量通量为

$$\int_c mc_z^2 f \mathrm{d}\boldsymbol{c} = \rho_\infty u_\infty^2 + p_\infty \tag{5.6}$$

能量通量为

$$\int_c \frac{mc^2}{2} c_z f \mathrm{d}\boldsymbol{c} = u_\infty \left(\frac{\rho_\infty u_\infty^2}{2} + \frac{5}{2} p_\infty \right) \tag{5.7}$$

式中：$c^2 = c_x^2 + c_y^2 + c_z^2$ 为分子速度的平方模数；c_x 和 c_y 为分子速度矢量在平行于表面的 x 轴和 y 轴上的投影；c_z 为分子速度的正交分量。

式(5.5)~式(5.7)的左侧在整个三维的分子速度上进行积分：$-\infty < c_x < \infty$，$-\infty < c_y < \infty$，$-\infty < c_z < \infty$。当被问及包含在式(5.5)~式(5.7)右侧的流量参数之间的关系时，只要知道表面处的速度分布函数就可以回答这一问题了。由于表面反射分子的分布函数 f_w^+ 已经从边界条件式(5.4)中得知，因此找到宏观边界条件需要落在表面处的分子分布函数 f_w^-。用更简便的方式重写下式(5.5)~式(5.7)，有

$$J_1^+ - J_1^- = \rho_\infty u_\infty \tag{5.8}$$

$$J_2^+ - J_2^- = \rho_\infty u_\infty^2 + p_\infty \tag{5.9}$$

$$J_3^+ - J_3^- = \frac{\rho_\infty u_\infty^3}{2} + \frac{5}{2} p_\infty u_\infty \tag{5.10}$$

式中：J_i^+ 和 J_i^- ($i = 1, 2, 3$) 分别为流出和进入表面的分子通量。

从式(5.8)~式(5.10)可以得出在表面(式的左侧)分子质量通量、动量通

量、能量通量的失衡使得在 Navier-Stokes 区域表面（式的右侧）产生了蒸发或冷凝的宏观通量：在 $J_i^+ > J_1^-$ 时，$u_\infty > 0$；在 $J_i^+ < J_1^-$ 时，$u_\infty < 0$。J_i^+ 的值通过标准方式[4]计算，而在式(5.5)~式(5.7)左侧的积分中，用边界条件式(5.4)代替函数 $f = f_w^+$，可得

$$\begin{cases} J_1^+ = \dfrac{1}{2\sqrt{\pi}} \rho_w v_w \\ J_2^+ = \dfrac{1}{4} \rho_w v_w^2 \\ J_3^+ = \dfrac{1}{2\sqrt{\pi}} \rho_w v_w^3 \end{cases} \quad (5.11)$$

应该强调微观和宏观方法的一般差异。对于第一种方法，我们用边界条件为式(5.1)~式(5.4)的 Boltzmann 方程的解定义了将守恒方程转换为恒等式的精确分布函数；对于第二种方法，式(5.5)~式(5.7)具有未知的分布函数，这意味着需要从模型中找到值 f_w（实际上也就是负半值 f_w^-）。

5.2 强 蒸 发

假设入射分子的分布函数由 Navier-Stokes 区域内的半 Maxwell 分布式(5.1)描述，则

$$f_w^- = f_\infty^- \equiv f_\infty \big|_{c_z < 0} \quad (5.12)$$

假设式(5.12)有物理意义，即入射分子的光谱在整个 Knudsen 层中不改变。

式(5.8)~式(5.10)在考虑引入式(5.11)和式(5.12)并做出一些转化后可以用以下式表示：

$$\frac{\sqrt{\tilde{T}}}{\tilde{p}} - I_1^- = 2\sqrt{\pi}\, \tilde{u}_\infty \quad (5.13)$$

$$\frac{1}{\tilde{p}} - I_2^- = 2 + 4\tilde{u}_\infty^2 \quad (5.14)$$

$$\frac{1}{\sqrt{\tilde{T}}\tilde{p}} - I_3^- = \sqrt{\pi}\, \tilde{u}_\infty^3 + \frac{5\sqrt{\pi}}{2} \tilde{u}_\infty \quad (5.15)$$

式中:$\tilde{u}_\infty \equiv u_\infty/v_\infty$ 为与 Navier-Stokes 区域中马赫数 $M_\infty \equiv u_\infty(5k_BT_\infty/3m)^{-1/2}$ 相关的速度因子,通过关系式 $\tilde{u}_\infty = \sqrt{5/6}M_\infty$ 得到。

在冷凝相表面处的无量纲入射分子通量 I_i^- 用以下式表示:

$$\begin{cases} I_1^- = \exp(-\tilde{u}_\infty^2) - \sqrt{\pi}\,\tilde{u}_\infty \operatorname{erfc}(\tilde{u}_\infty) \\ I_2^- = \dfrac{2\tilde{u}_\infty}{\sqrt{\pi}}\exp(-\tilde{u}_\infty^2) - (1 + 2\tilde{u}_\infty^2)\operatorname{erfc}(\tilde{u}_\infty) \\ I_3^- = \left(1 + \dfrac{\tilde{u}_\infty^2}{2}\right)\exp(-\tilde{u}_\infty^2) - \dfrac{\sqrt{\pi}\,\tilde{u}_\infty}{2}\left(\dfrac{5}{2} + \tilde{u}_\infty^2\right)\operatorname{erfc}(\tilde{u}_\infty) \end{cases} \quad (5.16)$$

式中:$\operatorname{erfc}(\tilde{u}_\infty)$ 为一个额外的可能性积分。

蒸发问题给出了两个因素与 $\tilde{u}_\infty$ 的关系:温度比 $\tilde{T} = T_\infty/T_w$,压力比 $\tilde{p} = p_\infty/p_w$。这意味着式(5.13)~式(5.15)是一个超定问题。于是,假设式(5.12)认为 Knudsen 层内分子光谱零变化的想法太过苛刻,因此是不正确的。文献[13]首次提出了强蒸发的宏观理论,并分析了在 Navier-Stokes 区域的流体动力速度等于声速时蒸发的极限情况,并假设 f_w^- 值与 Navier-Stokes 区域分布的负半函数成正比[式(5.1)]:

$$f_w^- = \alpha f_\infty^- \equiv \alpha f_\infty |_{c_z<0} \quad (5.17)$$

假设式(5.17)的物理意义是 Knudsen 层中的分子光谱由于分子碰撞而变化,因此文献[13]首次提出了在 $M_\infty = 1$、$\tilde{T} \approx 0.669$、$\tilde{p} = 0.206$、$\alpha \approx 6.29$ 条件下声速蒸发参数的理论计算方法。文献[13]的先进概念发现了一类新的动力学问题,并出版了一系列后续出版物。在文献[14-15]中应用类似的方法(独立的使用),用于研究蒸发质量通量的整个范围($0 < M_\infty \le 1$),这项研究在一系列出版物中继续进行,其中模拟的不同之处在于得到近似函数时使用的工具不同。

5.3 强 冷 凝

与蒸发的情况不同,冷凝问题的温度比 $\tilde{T} = T_\infty/T_w$ 不是未知的,它只是一个参数。冷凝问题的目标是在温度 $\tilde{T} = \mathrm{idem}$ 时得出函数关系 $\tilde{p}(\tilde{u}_\infty)$,或类似函数 $\tilde{p}(\tilde{M}_\infty)$。在这种情况下,式(5.13)~式(5.15)的过度约束需要分配两个自由参数。

在文献[16]中,作者用模拟法研究强冷凝:该方法依赖于分子速度空间的简化积分。这种方法有助于找到参数 T、p 和 u_∞ 之间的联系,但它不会产生一个新的分布函数,仅仅有一些微小的变化。在文献[17-18]中,作者使用模拟方法研究了 Boltzmann 方程,详细分析了分布函数,结果给出了 Knudsen 层中密度、温度和压力的分布。

将温度比 $\tilde{T}=T_\infty/T_w$ 作为参数来赋值,可以使强冷凝问题分成两个独立的物理问题。在第一种情况下,热气体在冷表面上的"正常"冷凝($\tilde{T}>1$)符合关于物理过程的标准宏观观点。至于第二个问题,冷气体在热表面的"异常"冷凝($\tilde{T}>1$)允许通过问题的数学描述来说明。特别是在脉冲激光烧蚀过程中,物质蒸发到真空中时会发生异常冷凝[19]。在激光脉冲结束后,表面过热,蒸汽经绝热膨胀进入真空并迅速冷却。同时冷凝相冷却得相当慢,因此低温蒸汽开始在高温表面冷凝。

5.4 混合模型

上述强冷凝模型的思想基于基本的动力学概念。从文献[4]可知,分子通量的守恒方程是将分布函数在分子速度的整个矢量空间上与权重 1、c、c^2 分别进行积分的结果。最终,式(5.5)~式(5.7)的左侧包括了维度线性密度值,分别是 ρv、ρv^2 和 ρv^3。因此,原始假设式(5.17)可以解释为在 Knudsen 层内引入条件混合表面"$\delta-\delta$"。该表面处的密度 ρ_δ 通过比例系数 $\rho_\delta=\alpha_\rho\rho_\infty$ 与 Knudsen 层外边界处的密度 ρ_∞ 相关。

在这里,文献[13-14]中针对强冷凝情况的方法进行集成的思路,假设混合表面上所有 3 个宏观参数都通过适当的比例系数与它们在无穷远处的值相关,即

$$\rho_\delta=\alpha_\rho\rho_\infty, \quad v_\delta=\alpha_v v_\infty, \quad \tilde{u}_\delta=\alpha_u\tilde{u}_\infty \tag{5.18}$$

式中:$\tilde{u}_\delta=u_\delta/v_\delta$ 和 $v_\delta=\sqrt{2k_B T_\delta/m}$ 分别为表面"$\delta-\delta$"处分子的速度因子和热速度;α_ρ,α_v,α_u 为定义的系数。

当密度和温度已知时,这些表面的压力可从理想气体方程中得出:

$$p_\infty=\frac{\rho_\infty k_B T_\infty}{m} \tag{5.19}$$

$$p_\delta=\frac{\rho_\delta k_B T_\delta}{m} \tag{5.20}$$

因此,由式(5.13)~式(5.15)得到4个未知数:$\tilde{p}$、α_ρ、α_v、α_u。通过从表面"δ-δ"处参数之间的附加关系找到该问题的完整数学描述,在平面$c_x = c_y = 0$的Knudsen层边界"∞-∞"(无穷远)处固定三维分布函数式(5.1),并将其归一化为最大值。这种归一化的一维分布函数采用以下形式:

$$\tilde{f}_\infty = \exp\left(-(\tilde{c}_z - \tilde{u}_\infty)^2\right) \tag{5.21}$$

式中:$\tilde{c}_z = c_z/v_\infty$为无量纲分子的法向速度。

假设在Knudsen层内部,负半函数$\tilde{f}$变形为椭圆体分布,即

$$\tilde{f}^- \equiv \tilde{f}\big|_{c_z<0} = \exp(-(\tilde{\varepsilon}c_z - \tilde{u})^2) \tag{5.22}$$

其中:ε为椭圆比;$\tilde{c}_z = c_z/v$,$\tilde{u} = u/v$,c_z和u分别为分子和流体动力学速度[①];$v = \sqrt{2kT/m}$为与局部温度T相对应的分子热速度。

图5.1所示为取自文献[17]的冷凝相表面关系$\tilde{f}^-(\tilde{c}_z)$,同一篇文献给出了椭球参数的计算值:对于异常区域($\tilde{T} = 0.2$,$\tilde{p} = 0.2$),$\varepsilon_w = 2.11$,$\tilde{u}_w = -0.801$;对于标准区域($\tilde{T} = 4$,$\tilde{p} = 2$),$\varepsilon_w = 0.5$,$\tilde{u}_w = 0.45$。

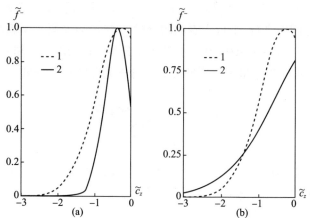

图5.1 文献[17]中的分布函数与无量纲分子速度的关系
(a)一个异常的冷凝区;(b)标准冷凝区。
1—混合表面;2—冷凝相表面。

---

① 严格来说,流体力学速度的概念不能应用于Knudsen层,因此参数$\tilde{u}$可描述为第二个(与ε一起)椭球参数。

根据式(5.21),Knudsen 层的边界证明了在整个温度范围($0 < \tilde{T} < \infty$)内 $\varepsilon_\infty = 1$。式(5.21)中的值 $\tilde{u}_\infty \equiv \sqrt{5/6} M_\infty$ 是根据已知的 $\tilde{p}$ 和 $\tilde{T}$ 值以图形方式得出的。异常区域获得的速度值为 $\tilde{u}_\infty \approx -0.26$,标准区域获得的速度值为 $\tilde{u}_\infty \approx -0.274$。分布函数式(5.21)如图 5.1 中曲线 1 所示。

图 5.1 显示了当入射分子通量接近 Knudsen 层朝向表面时呈现非平衡增长。对于不同的冷凝分支,分布函数的变形不同。对于 $\tilde{T} < 1$,函数 $\tilde{f}^-$ 在保持最初的流体动力学位移 $\tilde{u} < 0$(图 5.1(a))同时变得更陡峭;在 $\tilde{T} > 1$ 时,获得了相反的图形:函数 $\tilde{f}^-$ 变得更加"模糊",并且该位移改变了符号 $\tilde{u} > 0$(图 5.1(b)),这是典型的蒸发过程[13-15]。

通过计算在无穷远 j_∞ 处描述气体质量通量,得到了额外的"混合条件",这可以在式(5.5)的右侧获得,即

$$j_\infty \equiv \rho_\infty u_\infty = u_\infty \int_{\substack{-\infty < c_x < \infty \\ -\infty < c_y < \infty \\ -\infty < c_z < \infty}} m f_\infty \, d\boldsymbol{c} \tag{5.23}$$

对于分子速度 $\boldsymbol{c}$ 的 3 个所有分量,式(5.23)中的积分在表面"$\infty - \infty$"到"$\infty + \infty$"的范围内进行:平行于表面的分量 c_x 和 c_y 以及垂直于表面的 c_z。可以在负半空间 $c_z(-\infty < c_z < 0)$ 整合正常速度分量,并且组分 c_x 和 c_y 的积分保留为公式。可得到冷凝通量——指向冷凝相分子通量的一个分量,即

$$j_\infty^- = u_\infty \int_{\substack{-\infty < c_x < \infty \\ -\infty < c_y < \infty \\ -\infty < c_z \leq 0}} m f_\infty^- \, d\boldsymbol{c} \tag{5.24}$$

式(5.24)中的被积函数是一个负半分布函数,它取无穷处由式(5.1)定义的值 f_∞^-,对表面"$\delta - \delta$"的冷凝流量有一个类似的定义过程,即

$$j_\delta^- = u_\delta \int_{\substack{-\infty < c_x < \infty \\ -\infty < c_y < \infty \\ -\infty < c_z \leq 0}} m f_\delta^- \, d\boldsymbol{c} \tag{5.25}$$

其中,混合表面处的负半函数 f_δ^- 可以从下式得到

$$f_\delta^- \equiv f_\delta \big|_{c_z < 0} = \frac{n_\delta}{\pi^{3/2} v_\delta^3} \exp\left(-\left(\frac{\boldsymbol{c} - \boldsymbol{u}_\delta}{v_\delta}\right)^2\right) \tag{5.26}$$

从一个简单的物理假设出发,得到了完整问题数学描述的闭合方程:分子谱再分配的过程不会改变冷凝通量,其保持稳定。这需要一个混合条件,即连接表面"∞ - ∞"和"δ - δ"的分子通量,即

$$j_\infty^- = j_\delta^- \tag{5.27}$$

混合模型的关键点如下。

(1) 在 Navier–Stokes 区域中对分布函数式(5.12)的严格赋值对于描述分子通量守恒的方程组是超定的,因此,假设式(5.12)是不正确的。

(2) 假设式(5.17)在问题的数学描述中引入了一个自由参数,这使得蒸发问题可以求解[13-14]。

(3) 基于假设式(5.18)的混合模型是对冷凝情况的求解方法[13]的一般化。

(4) 通过冷凝通量守恒式(5.27)的条件下实现了问题闭合。

5.5 算法结果

式(5.8)~式(5.10)、式(5.18)和式(5.27)是强冷凝问题的完整描述。经过几次转换后,该方程转换为以下形式:

$$\frac{\sqrt{\tilde{T}}}{\tilde{p}} - \alpha_\rho \alpha_v K_1^- = 2\sqrt{\pi}\,\tilde{u}_\infty \tag{5.28}$$

$$\frac{1}{\tilde{p}} - \alpha_\rho \alpha_v^2 K_2^- = 2 + 4\tilde{u}_\infty^2 \tag{5.29}$$

$$\frac{1}{\sqrt{\tilde{T}}\tilde{p}} - \alpha_\rho \alpha_v^3 K_3^- = \sqrt{\pi}\,\tilde{u}_\infty^3 + \frac{5\sqrt{\pi}}{2}\tilde{u}_\infty \tag{5.30}$$

$$\mathrm{erfc}(\tilde{u}_\infty) = \alpha_\rho \alpha_v \alpha_u \mathrm{erfc}(\alpha_u \tilde{u}_\infty) \tag{5.31}$$

基于此,可以得到在式(5.18)中的系数 $\alpha_\rho, \alpha_v, \alpha_u$。入射到混合表面上的无量纲分子通量 K_i^- ($i=1,2,3$) 写为如下形式:

$$\begin{cases} K_1^- = \exp(-\tilde{u}_\delta^2) - \sqrt{\pi}\,\tilde{u}_\delta \mathrm{erfc}(\tilde{u}_\delta) \\ K_2^- = \dfrac{2\tilde{u}_\delta}{\sqrt{\pi}}\exp(-\tilde{u}_\delta^2) - (1 + 2\tilde{u}_\delta^2)\mathrm{erfc}(\tilde{u}_\delta) \\ K_3^- = \left(1 + \dfrac{\tilde{u}_\delta^2}{2}\right)\exp(-\tilde{u}_\delta^2) - \dfrac{\sqrt{\pi}\,\tilde{u}_\delta}{2}\left(\dfrac{5}{2} + \tilde{u}_\delta^2\right)\mathrm{erfc}(\tilde{u}_\delta) \end{cases} \tag{5.32}$$

函数 K_i^- 是通过由式(5.16)定义的函数 I_i^- 经过 $\tilde{u}_\infty \Rightarrow \tilde{u}_\delta \equiv \alpha_u \tilde{u}_\infty$ 转变得到的。在使用适当的分布函数计算式(5.8)~式(5.10)左侧的分子通量之后得到式(5.28)~式(5.30)。表面发射的通量 J_i^+ 是用冷凝相表面[式(5.4)]的半平衡 Maxwell 分布 f_w^+ 计算的。流向表面的物质 J_i^- 是用在混合表面处的[式(5.26)]半 Maxwell 分布 f_δ^- 的位移变量计算的。

式(5.28)~式(5.32)使用 Maple 计算机代数包求解。在模拟过程中应该考虑到冷凝这种情况,即 Navier-Stokes 区域中马赫数在 $-1 \leqslant M_\infty < 0$ 的范围内变化,这对应于在 $-\sqrt{5/6} \leqslant u_\infty < 0$ 范围内的速度因子变化。图 5.2 将该模拟结果与文献[17]的仿真结果进行了比较。值得注意的是,模拟曲线 $\tilde{p}^{-1}(\tilde{T})$ 在共轭点 $\tilde{T}=1$ 附近通过一个最大值,用于两个冷凝分支——标准和异常分支(从这一点向左略微偏离)。

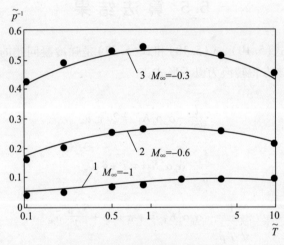

图 5.2　反压比与温度比的关系

注:符号对应于文献[17]的模拟数据;M_∞ 从式(5.28)~式(5.31)计算得出。

在微观层面,混合模型(不基于 Boltzmann 方程)即使在定性水平也不能再现分布函数的数值演变(图 5.1)。然而,在宏观层面,观察到近似解析公式 $\tilde{p}(\tilde{T}, M_\infty)$ 和其精确的数值解之间有良好的对应关系。在转换到外推边界条件的同时,平滑分布函数中的微观误差证实了在文献[13]中制定的理论方法的有效性。相同的结论在文献[17]中得出:"即使对 Knudsen 层中的速度分布函数进行粗略近似也可以确保对气体动力学条件进行令人满意的分析描述。"

5.6 声速冷凝

仔细观察声速冷凝的解,如图 5.2 中的曲线 1 所示。从图 5.3 可以看出,对于标准分支 $\tilde{T}>1$,计算结果接近于关系式 $\tilde{p}^{-1}(\tilde{T})$,但是显然高于异常分支 $\tilde{T}<1$ 的值 $\tilde{p}^{-1}$。造成这种差异的可能原因可能是蒸汽流量的阻塞效应不足,因为其在表面"δ-δ"处达到了声速。

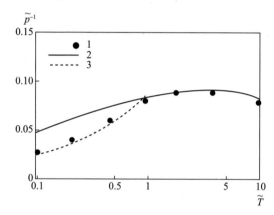

图 5.3 声速冷凝($M_\infty = -1$)的反压比与温度比的关系
1—文献[17]中模拟数据;2—由方程组式(5.28)~式(5.31)得出;
3—由式(5.35)计算得出。

在声速冷凝条件下,计算完混合表面处的马赫数 $M_\delta \equiv u_\delta (5k_B T_\delta/3m)^{-1/2}$ 后,得到了以下结果(图 5.4):对于标准冷凝,流量为亚声速($\tilde{T}>1:|M_\delta|<1$);对于异常冷凝,流量为超声速($\tilde{T}<1:|M_\delta|>1$);在两个冷凝分支的连接点处,流动速度是声速。这意味着从 Knudsen 层边界移动到混合表面时的蒸汽流动:低压并在 $\tilde{T}>1$ 时变为亚声速;在 $\tilde{T}<1$ 时加速并变为超声速;在 $T=1$ 时仍保持声速流动。

静止超声速冷凝的稳定性问题仍然存在争议。因此,文献[16-17]的作者承认某些参数范围内超声速冷凝的可能性,并在文献[20-21]中声称,在表面前方的超音速冷凝产生冲击波,其将流动从超声速模式返回到声速模式。可以认为混合表面的流体动力速度不能超过声速 $|M_\delta| \leq 1$。在物理上,该假设简化为异常冷凝分支的流动阻塞条件:

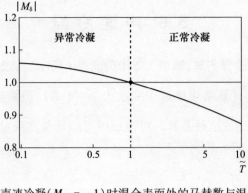

图 5.4 声速冷凝($M_\infty = -1$)时混合表面处的马赫数与温度比关系

$$\widetilde{T} \leqslant 1 : M_\infty = M_\delta = -1 \tag{5.33}$$

由式(5.33),对于不规则区域 $\widetilde{T} \leqslant 1$,Knudsen 层边界与混合面之间的入射分子通量的所有参数保持稳定:

$$\alpha_\rho = \alpha_v = \alpha_u = 1 \tag{5.34}$$

式(5.33)和式(5.34)的使用为异常冷凝带来以下结果:冷凝通量式(5.31)的守恒方程变得相等;质量分子通量式(5.28),动量式(5.29)和能量式(5.30)的守恒方程给出 3 种不同的 $\widetilde{p}(\widetilde{T})$ 关系;简并能量方程式(5.30)给出了以下关系:

$$\widetilde{p} \approx \frac{11.7}{\sqrt{\widetilde{T}}} \tag{5.35}$$

从图 5.3 中可以明显看出,从式(5.35)计算得到的关系式 $\widetilde{p}^{-1}(\widetilde{T})$ 非常适合描述 $\widetilde{T} < 1$ 的声速冷凝结果。重要的是,在文献[17]的模拟研究中,没有实现实际的声速状态。最高亚声速模拟模式对应 $M_\infty \approx -0.95$。图 5.3 中区间 $0.1 < \widetilde{T} < 10$ 的 $M_\infty \approx -1$ 点是在文献[17]中通过平滑模拟曲线的外推得到的(这可能是误差的起源)。值得注意的是,在文献[18]中(主要是在文献[17]中重现原始分析)对于多原子气体的情况,对 $M_\infty \approx -0.97$ 的亚声速模式进行了计算。因此,由方程组式(5.28)~式(5.35)表示的混合模型给出了强冷凝情况下压力比 $\widetilde{p}$ 对温度比 $\widetilde{T}$ 的关系的良好定性描述。

模型的进一步发展基于在 Knudsen 层内的固定点处的入射分子流的构造,更具体地说,该过程简化为以一定步骤逐步建立混合表面,直到到达冷凝相表面。对于第一阶段,将 Maxwell 分布函数式(5.26)转换为椭球型分布式(5.21)是合理的,

这将使椭圆参数 $\varepsilon \neq 1$。显然,这种过程的处理思想接近于模拟法在文献[22]中进行横坐标 Boltzmann 方程的离散化。已知使用具有二阶近似的标准差分法导致与表面上分布函数的不连续性相关的问题。与此相反,混合模型虽然是近似的,但没有这个缺点,实施该方法需要进行有针对性且耗时的研究,并且结果不明显。

5.7 超声速冷凝

超声速冷凝过程中的静止状态问题仍然是一个悬而未决的问题。因此,在文献[20-21,23]中,假设在冷凝的情况下,气体以亚声速$|M_\infty|<1$或超声速$|M_\infty|>1$入射到墙壁上。根据文献[20-21,23]的计算,对于超声速冷凝,总是在表面前形成压缩冲击波。注意,在亚声速冷凝的情况下,并没有较好的冲击波解决方案。

在文献[21]中解决了单原子气体的超声速冷凝问题,并且在文献[23]中将其扩展到分子气体的情况。如本章所述,在这个非常重要的案例中验证混合模型会很有意思(图 5.5 和图 5.6)。如图 5.5(a)和 5.6(a)所示,对于$|M_\infty|=1.1$和$|M_\infty|=1.2$的情况,计算结果与文献[21]的数值结果非常一致,如坐标系中$T_\infty/T_w = f(\rho_\infty/\rho_w)$所示。这样的一致性看起来有些出乎意料,因为混合模型框架下的计算无法检测到冲击波,但这可以通过文献[20-21,23]的数值结果预测出来。在我们看来,这为混合模型的可靠性提供了额外证据,该模型在这个非常具体的参数域中得到了成功验证。在图 5.5(b)和 5.6(b)中,结果显示为关系式$p_w/p_\infty = f(\rho_\infty/\rho_w)$。这些图表明曲线保持其"常规形式",即存在最大值,这是亚声速冷凝的特征。

混合模型是在本书作者的论文[24-26]中提出的。

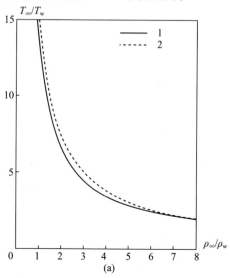

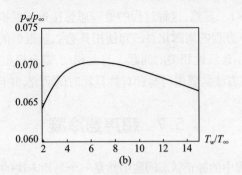

图 5.5 超声速冷凝

(a) $|M_\infty|=1.1$ 时温度比与密度比的关系;(b) $|M_\infty|=1.1$ 时反向压力比与温度比的关系。

1—文献[20,21]的结果;2—式(5.28)~式(5.31)的结果。

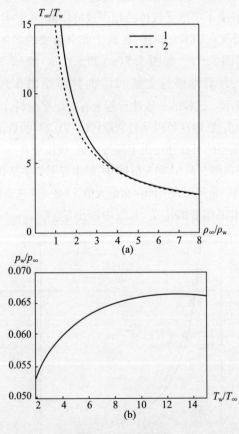

图 5.6 超声速冷凝

(a) $|M_\infty|=1.2$ 时温度比与密度比的关系;(b) $|M_\infty|=1.2$ 时反向压力比与温度比的关系。

1—文献[20,21]的结果;2—式(5.28)~式(5.31)的结果。

5.8 小　　结

本章建立了强冷凝模型,也就是混合模型:它基于 Knudsen 层内质量,动量和能量的分子通量守恒方程。混合模型是对文献[13]中定义的关键概念进一步阐述。该模型的结束关系是条件 Knudsen 层与混合表面之间的冷凝流量守恒。以压力比与温度比(以马赫数作为参数)的形式,得到了强冷凝问题的近似解析解。声速气流的冷凝分析使用混合表面处的气流阻塞条件,并将获得的分析解与可用的模拟数据进行比较,提出了分析模型进一步细化的方向。

参考文献

1. Mazhukin VI, Mazhukin AV, Demin MM, and Shapranov AV (2013) The dynamics of the surface treatment of metals by ultra-short high-power laser pulses. In: Sudarshan TS, Jeandin M, Firdirici V (eds) Surface Modification Technologies XXVI (SMT 26), vol. 26, pp 557–566
2. Lezhnin SI, Kachulin DI (2013) The various factors influence on the shape of the pressure pulse at the liquid-vapor contact. J. Engng Termophysics 22(1):69–76
3. Zakharov VV, Crifo JF, Lukyanov GA, Rodionov AV (2002) On modeling of complex nonequilibrium gas flows in broad range of Knudsen numbers on example of inner cometary atmosphere. Math Models Comput Simul 14(8):91–95
4. Kogan MN (1995) Rarefied gas dynamics. Springer, Berlin
5. Labuntsov DA (1967) An analysis of the processes of evaporation and condensation. High Temp 5(4):579–647
6. Muratova TM, Labuntsov DA (1969) Kinetic analysis of the processes of evaporation and condensation. High Temp 7(5):959–967
7. Cercignani C (1990) Mathematical methods in kinetic theory. Springer, New York
8. Pao YP (1971) Temperature and density jumps in the kinetic theory of gases and vapors. Phys Fluids 14:1340–1346
9. Pao YP (1973) Erratum: temperature and density jumps in the kinetic theory of gases and vapors. Phys Fluids 16:1650
10. Aristov VV, Panyashkin MV (2011) Study of spatial relaxation by means of solving a kinetic equation. Comput Math Math Phys 51(1):122–132
11. Tcheremissine FG (2012) Method for solving the Boltzmann kinetic equation for polyatomic gases. Comput Math Math Phys 52(2):252–268
12. Zhakhovskii VV, Anisimov SI (1997) Molecular-dynamics simulation of evaporation of a liquid. J Exp Theor Phys 84(4):734–745
13. Anisimov SI (1968) Vaporization of metal absorbing laser radiation. Sov Phys JETP 27(1):182–183
14. Labuntsov DA, Kryukov AP (1979) Analysis of intensive evaporation and condensation. Int J Heat Mass Transf 2(7):989–1002
15. Ytrehus T (1977) Theory and experiments on gas kinetics in evaporation. In: Potter JL (ed) Rarefied gas dynamics: technical papers selected from the 10th international symposium on rarefied gas dynamics. Snowmass-at-Aspen, CO, July 1976. In: Progress in astronautics and aeronautics, vol 51. American Institute of Aeronautics and Astronautics, pp 1197–1212

16. Aoki K, Sone Y, Yamada T (1990) Numerical analysis of gas flows condensing on its plane condensed phase on the basis of kinetic theory. Phys Fluids 2:1867–1878
17. Gusarov AV, Smurov I (2002) Gas-dynamic boundary conditions of evaporation and condensation: numerical analysis of the Knudsen layer. Phys Fluids 14(12):4242–4255
18. Frezzotti A, Ytrehus T (2006) Kinetic theory study of steady condensation of a polyatomic gas. Phys Fluids 18 (2): 027101-027101-12
19. Gusarov AV, Smurov I (2001) Target-vapour interaction and atomic collisions in pulsed laser ablation. J Physics D: Appl Phys 34(8):1147–1156
20. Kuznetsova IA, Yushkanov AA, Yalamov YI (1997) Supersonic condensation of monatomic gas. High Temp 35(2):342–346
21. Kuznetsova IA, Yushkanov AA, Yalamov YI (1997) Intense condensation of molecular gas. Fluid Dyn 6:168–174
22. Vinerean MC, Windfäll A, Bobylev AV (2010) Construction of normal discrete velocity models of the Boltzmann equation. Nuovo Cimento C 33(1):257–264
23. Kuznetsova IA, Yushkanov AA, Yalamov YI (2000) Supersonic condensation of molecular gas. High Temp 38(4):614–620
24. Zudin YB (2015) Approximate kinetic analysis of intense evaporation. J Engng Phys Thermophys 88(4):1015–1022
25. Zudin YB (2015) The approximate kinetic analysis of strong condensation. Thermophys Aeromech 22(1):73–84
26. Zudin YB (2016) Linear kinetic analysis of evaporation and condensations. Thermophys Aeromech 23(3):437–449

第 6 章

蒸发和冷凝的线性动力学分析

本章符号及其含义

c —— 分子速度
I_i —— 无量纲通量 ($i=1,2,3$)
j —— 质量通量
J_i —— 分子通量
f —— 分布函数
F —— 温度系数
k_B —— 玻耳兹曼常数
M —— 马赫数
m —— 分子质量
p —— 压力
s —— 速度因子
T —— 温度
v —— 分子热速度
u —— 气体动力学速度

本章希腊字母符号及其含义

β —— 冷凝系数
η —— 无量纲压力线性跃变
ρ —— 密度
τ —— 无量纲温度线性跃变

本章上角标及其含义
+ —— 离开界面的分子通量
− —— 流向界面的分子通量
0 —— 平衡状态

本章下角标及其含义
w —— 冷凝相表面
δ —— 混合表面
∞ —— 无穷远处
1 —— 质量通量
2 —— 动量通量
3 —— 能量通量

本章缩略语
CPS —— 冷凝相表面
DF —— 分布函数

非平衡蒸发和冷凝是许多基本应用问题中的重要方面。例如，为航天飞行器设计热屏时，模拟核动力装置保护壳减压这一问题需要计算冷却剂在真空喷射期间强蒸发的参数[1]。由于热阻极低，超流氦薄膜沸腾时的传热非常密集，因此界面处的非平衡效应变得至关重要[2]。热蒸汽与冷液体在蒸汽体积中接触产生稀薄压力的脉冲波，随后出现压力跃变（以及强冷凝）冷凝[3]。

计算蒸发/冷凝期间的非平衡过程需要在远离 Navier – Stokes 区域中求解一个气体守恒方程组，该区域内的流动由分子的热速度 $v_\infty = \sqrt{2k_B T_\infty / m}$ 和气体动力学速度 u_∞ 控制（蒸发时 $u_\infty > 0$，冷凝时 $u_\infty < 0$）。相变的强度由速度因子 $s \equiv u_\infty / v_\infty = u_\infty (2k_B T_\infty / m)^{-1/2}$ 表示，该因子通过比率 $s = \sqrt{5/6} M$ 与马赫数① $M \equiv u_\infty (5k_B T_\infty / 3m)^{-1/2}$ 相关联。其中，m 是分子质量，k_B 是 Boltzmann 常数，T_∞ 是 Navier – Stokes 区域内的气体温度。

连续介质的方程式不适用于附着在表面上的 Knudsen 层，该层的厚度与分子自由程相当。由于 Knudsen 层不平衡，密度、温度和压力的概念就失去了他们最初的现象学意义。Knudsen 层内的气体状态是由相反分子流的相互作用定义的：由 CPS 发出的流量与从气体区进入该层的流量之间的差。来自 CPS 的分子发射量取决于表面温度，不依赖于 Navier – Stokes 区域，入射到界面的分子谱

---

① 讨论单原子气体的情况。

是由于远程气体层中的分子碰撞而形成的。不同分子流的重叠导致 Knudsen 层内分子速度 DF 不连续。DF 中的不连续性逐渐下降并且随着远离 CPS 而变得单调平滑，它在 Knudsen 层的外层消失（其中分子速度谱呈现 Maxwell 形式）。

通过求解描述 Knudsen 层中 DF 的 Boltzmann 方程，可以得到冷凝相和气相的结合条件[4]。对于具有均匀参数分布的特殊情况来说，这种极其复杂的积分-微分 Boltzmann 方程的精确解是已知的[5]。对于边值问题（气体填充半空间并极限在两个表面之间），几乎不可能精确地求解 Boltzmann 方程。因此，研究人员使用类似于 Boltzmann 方程的动力学分析：松弛 Krook 方程[4]、Case 模型方程[6]、矩量方程组[7-8]等。动力学分析的特殊性在于必须要解决复共轭问题——连续介质流（也称为 Navier-Stokes）区域气体动力学方程的宏观边值问题和 Knudsen 层中 Boltzmann 方程的微观问题。

研究蒸发/冷凝非平衡过程的理论基础是线性动力学分析，它描述了气体动力学参数与其平衡状态的微小偏差。线性动力学理论是基于求解线性化 Boltzmann 方程的基础上，并在文献[7-8]中得到了发展，文献[7-8]结果的系统概述可在文献[9]中找到。与 Boltzmann 方程类似的还有矩量方程组和松弛 Krook 方程。近年来，线性动力学形式的蒸发/冷凝问题是利用分布理论[6]和复变函数理论中发展的方法[10]来解决的。后来的研究方向在于：在线性分析[7-9]中，蒸发和冷凝的过程假设是对称的，它们只是在相反的蒸汽流动方向上不同。

如果跳过 Knudsen 层中模拟 DF 的任务，则可以简化非平衡蒸发/冷凝的数学描述，在这种情况下，无须在 CPS 上分配真实的边界条件。相反，只需定义 Navier-Stokes 区域中气体动力学方程的外推边界条件。将气体动力学参数外推到界面上会在界面处产生动力学跃变：温度、密度和气体压力的外推值不等于真实值。

这种与气体流动方向有关接近声速的相变称为强蒸发（$u_\infty > 0$）或强冷凝（$u_\infty < 0$）。在文献[11]中开始了关于强蒸发的分析研究。本书使用合理的物理假设对接近界面的分子谱进行了近似，研究了当气体动力速度等于声速（马赫数等于1）时强蒸发的极限情况。在接下来的文献[12-13]中，文献[11]的原始方法扩展到了马赫数的完整范围。Labuntsov 和 Kryukov[12-13]获得了强蒸发的解析解，这使得可以正确地过渡到经典线性理论[8-9]。

需要强调的是 Labuntsov、Kryukov[13]和 Yano[14]证明了强蒸发和强冷凝的不对称性。在 CPS 的固定温度下，Navier-Stokes 区域中的边界条件仅需要一个参数（如压力），对于冷凝的情况，需要有两个参数（如压力和温度）。在这个版本[13-14]的分析中，马赫数在趋于零时没有极限。因此，对于线性近似问题，假设强蒸发/强冷凝的不对称性应保持均匀。冷凝有两种截然不同的方法来描述非平衡相变:对称线性[6-9]和非对称非线性[12-14]。本章的目的是分析不对称条件下蒸发/冷凝的线性问题,应用了先前文献[15]中提出的"分析混合模型"。

6.1 守恒方程

动力学分析的对象是三维分子速度分布,这与 Navier–Stokes 区域的平衡 Maxwell 分布不同,即

$$f_\infty = \frac{n_\infty}{\pi^{3/2} v_\infty^3} \exp\left(-\left(\frac{\boldsymbol{c}-\boldsymbol{u}_\infty}{v_\infty}\right)^2\right) \tag{6.1}$$

到 CPS 的不连续分布函数 $f_w = f_w^+, c_z < 0: f_w = f_w^-$,其中的 $\boldsymbol{c}$ 和 $\boldsymbol{u}_\infty$ 是分子和气动速度的矢量。

考虑标准情况:CPS 完全捕获了输入分子通量,并且没有以反射分子形式的二次发射。因此,在表面温度为 T_w,并且在相同温度下已知的饱和蒸气压力 $p_w(T_w)$ 下,发射的分子光谱呈现平衡半 Maxwell 分布的形式,即

$$f_w^+ = \frac{n_w}{\pi^{3/2} v_w^3} \exp\left(-\left(\frac{\boldsymbol{c}}{v_w}\right)^2\right) \tag{6.2}$$

式中:$n_\infty = p_\infty/k_B T_\infty$ 和 $n_w = p_w/k_B T_w$ 分别为在无穷远处和 CPS 处的分子气体密度;c_z 为垂直于 CPS 表面的速度分量;$v_w = \sqrt{2k_B T_w/m}$ 为 CPS 处的分子的热速度。

特别值得注意的是常用比率式(6.2)看起来是一个合理的物理假设。文献[16]使用分子动力学方法模拟了从 CPS 蒸发到真空中发射的分子光谱情况。已经证明,对于低蒸汽密度的情况,采用式(6.2)作为边界条件是正确的假设。

考虑冷凝蒸汽在无穷远处稳定半空间(单原子气体的情况)的蒸发/冷凝问题。在一维情况下,气动速度矢量 $\boldsymbol{u}_\infty$ 退化为标量速度 u_∞ 以进行蒸发/冷凝:在稳定条件下,分子通过平行于 CPS 任何表面的质量、动量和能量的通量相同。如果使用边界条件式(6.1),通过无穷远处的流动参数来表示这些通量,便获得了质量通量守恒定律:

$$\int_c m c_z f \mathrm{d}\boldsymbol{c} = \rho_\infty u_\infty \tag{6.3}$$

动量通量守恒定律为

$$\int_c m c_z^2 f \mathrm{d}\boldsymbol{c} = \rho_\infty u_\infty^2 + p_\infty \tag{6.4}$$

能量通量守恒定律为

$$\int_c \frac{mc^2}{2} c_z f \mathrm{d}\boldsymbol{c} = u_\infty \left(\frac{\rho_\infty u_\infty^2}{2} + \frac{5}{2} p_\infty \right) \tag{6.5}$$

式中:$c^2 = c_x^2 + c_y^2 + c_z^2$ 为分子速度模数的平方;c_x 和 c_y 为分子速度对 x 和 y 轴的投影(在平行于 CPS 的平面中)。

式(6.3)~式(6.5)的左侧对分子速度在整个三维空间进行积分:$-\infty < c_x < \infty$,$-\infty < c_y < \infty$,$-\infty < c_z < \infty$。

为了得到无穷远处的流动参数之间的关系(包含在式(6.3)~式(6.5)的右侧),只需要知道 CPS 处的分布函数即可。由于该函数的正半部分 f_w^+ 来自边界条件式(6.2),因此边界条件的定义只需要找到负分量 f_w^-。用一个更好的形式重写式(6.3)~式(6.5),则有

$$J_1^+ - J_1^- = \rho_\infty u_\infty \tag{6.6}$$

$$J_2^+ - J_2^- = \rho_\infty u_\infty^2 + p_\infty \tag{6.7}$$

$$J_3^+ - J_3^- = \frac{\rho_\infty u_\infty^3}{2} + \frac{5}{2} p_\infty u_\infty \tag{6.8}$$

式中:J_i^+ 和 J_i^- 为流出/进入 CPS 的分子通量($i = 1, 2, 3$)。

从式(6.6)~式(6.8)可以看出分子质量通量不平衡($i = 1$)、动量通量不平衡($i = 2$),以及能量通量不平衡[在 CPS 处 $u_\infty < 0$(见式(6.6)~式(6.8)的左侧)产生的宏观的蒸发流($u_\infty > 0, J_i^+ > J_i^-$)或冷凝流($u_\infty < 0, J_i^+ < J_i^-$)]。在 Navier–Stokes 区域(由式(6.6)~式(6.8)右边部分描述)。忽略方程右边部分式(6.6)~式(6.8)中的非线性项,得到

$$J_1^+ - J_1^- = \rho_\infty u_\infty \tag{6.9}$$

$$J_2^+ - J_2^- = p_\infty \tag{6.10}$$

$$J_3^+ - J_3^- = \frac{5}{2} p_\infty u_\infty \tag{6.11}$$

图 6-1 中的符号"$\infty - \infty$"代表 Knudsen 层的外边界,在此边界后面有 Navier–Stokes 区域,其中有连续介质方程。

根据文献[15]中提出的物理模型,引入了一个表示为"$\delta - \delta$"(混合表面)的中间表面,其参数包括表面"$w - w$"和"$\infty - \infty$"之间的参数 p_δ、T_δ 和 u_δ。于是,Knudsen 层被分为两个子区域——内部和外部子区域,如图 6.1 所示。然后写出表面"$\delta - \delta$"和"$\infty - \infty$"之间的质量通量守恒条件——"混合条件"[15]:

$$\rho_\delta u_\delta = \rho_\infty u_\infty = 常数 \tag{6.12}$$

在图 6-1 中的表面"$\delta - \delta$"处,流向表面的分子谱是由 DF 相对于零位移的气动力速度 u_δ 的大小来描述的,即

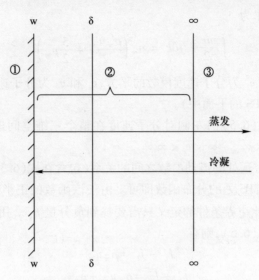

图 6.1 混合模型图

1—冷凝相；2—Knudsen 层；3—Navier – Stokes 区域。

$$f_\delta^- = \frac{p_\delta}{k_B T_\delta}\left(\frac{m}{2\pi k_B T_\delta}\right)^{3/2}\exp\left(-\frac{m(c_\delta - u_\delta)^2}{2 k_B T_\delta}\right) \tag{6.13}$$

式中：c_δ 为混合表面的分子速度矢量。

在表面"w – w""δ – δ"和"∞ – ∞"处使用理想气体方程可以得到热力学参数之间的关系：

$$\frac{p_w}{p_\infty} = \frac{\rho_w}{\rho_\infty}\frac{T_w}{T_\infty}, \quad \frac{p_\delta}{p_\infty} = \frac{\rho_\delta}{\rho_\infty}\frac{T_\delta}{T_\infty} \tag{6.14}$$

在式(6.9)~式(6.11)中的发射分子通量表达式 J_i^+ 是通过已知方法将边界条件式(6.2)中的函数 $f = f_w^+$ 代入式(6.3)~式(6.5)[4]的左侧子积分表达式中计算得来的。

$$\begin{cases} J_1^+ = \dfrac{1}{2\sqrt{\pi}}\rho_w v_w \\[2pt] J_2^+ = \dfrac{1}{4}\rho_w v_w^2 \\[2pt] J_3^+ = \dfrac{1}{2\sqrt{\pi}}\rho_w v_w^3 \end{cases} \tag{6.15}$$

方程中接近 Navier – Stokes 区域分子通量 J_i^- 的公式为

$$\begin{cases} J_1^- = \dfrac{1}{2\sqrt{\pi}} \rho_\delta v_\delta I_1 \\ J_2^- = \dfrac{1}{4} \rho_\delta v_\delta^2 I_2 \\ J_3^- = \dfrac{1}{2\sqrt{\pi}} \rho_\delta v_\delta^3 I_3 \end{cases} \tag{6.16}$$

式中:I_i 为由负半 Maxwell 分布式(6.13)与分子速度三维场积分确定的相应无量纲通量($i=1,2,3$)。

函数 $I_i(s_\delta)$ 的基本形式在文献[15]中有表示,这里的 $s_\delta \equiv u_\delta/v_\delta$ 是速度因子,$v_\delta = \sqrt{2k_B T_\delta/m}$ 是分子热速度(所有值都与混合表面有关)。线性化形式的 I_i 特别表达如下所示。如果没有相变($s_\delta = s = 0$),这种归一化是有效的

$$I_1 = I_2 = I_3 = 1 \tag{6.17}$$

鉴于式(6.14)~式(6.16),式(6.9)~式(6.11)以如下形式表示:

$$\frac{p_w}{p_\infty}\sqrt{\frac{T_\infty}{T_w}} - \frac{p_\delta}{p_\infty}\sqrt{\frac{T_\infty}{T_\delta}} I_1 = 2\sqrt{\pi} s \tag{6.18}$$

$$\frac{p_w}{p_\infty} + \frac{p_\delta}{p_\infty} I_2 = 2 \tag{6.19}$$

$$\frac{p_w}{p_\infty}\sqrt{\frac{T_w}{T_\infty}} - \frac{p_\delta}{p_\infty}\sqrt{\frac{T_\delta}{T_\infty}} I_3 = \frac{5\sqrt{\pi}}{2} s \tag{6.20}$$

6.2 平衡共存条件

这里考虑没有相变的相平衡情况($s=0$)。因此,考虑式(6.17)后方程组式(6.18)~式(6.20)得出如下表达式:

$$\frac{p_w^0}{p_\delta^0} = \sqrt{\frac{T_w^0}{T_\delta^0}}, \quad \frac{p_w^0}{p_\infty} + \frac{p_\delta^0}{p_\infty} = 2, \quad \frac{p_w^0}{p_\delta^0} = \sqrt{\frac{T_\delta^0}{T_w^0}}$$

这就产生了冷凝相和气相匹配的平衡条件——等压条件:

$$p_w^0 = p_\delta^0 = p_\infty^0 \tag{6.21}$$

以及等温条件:

$$T_w^0 = T_\delta^0 \tag{6.22}$$

式中:上标"0"表示平衡态。

Knudsen 层式(6.21)的等压条件在物理上是显而易见的:气体区内部的热力学平衡否定了任何稳定的压力跃变。同时,等温条件式(6.22)不适用于整个 Knudsen 层,而仅适用于受表面"w – w"和"δ - δ"极限的内部区域。这意味着对于平衡状态,温度场(在一般情况下)可能具有不连续性。这种不连续性可以通过(非单位)"温度因子" $F \equiv T_\infty^0 / T_w^0 \neq 1$ 来表征,如图6.2所示。

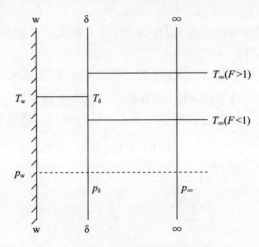

图 6.2 Knudsen 层内的温度和压力分布

强调温度场的不连续性在 Knudsen 层深处发生:宏观定律在这里不起作用。实际上,固体介质不能满足条件式(6.22):Fourier 定律表明,由于不稳定的热扩散,一维温度分布的不连续性变得平滑[17]。因此,混合模型告诉表面"δ - δ"处的气体状态不均匀。一方面,可以应用宏观概念——质量通量式(6.12)和理想气体方程式(6.14);另一方面,Fourier 的梯度定律在混合表面无效(这意味着温度场可能不连续)。这种宏观和微观性质的组合允许使用温度因子 F 作为相平衡状态($s = 0$)和相变情况($s \neq 0$)的边界条件。

6.3 线性动力学分析

6.3.1 线性化方程组

在一个小参数 $|s| \ll 1$ 的基础上,将式(6.18)~式(6.20)线性化。根据文献[7 - 8],蒸发/冷凝线性过程的分析可以选择任意的基本值来计算参数跃变。为简单起见,取 Knudsen 层外层边缘的压力和温度的固定值:$p_\infty \equiv p_\infty^0 = $ 常数,$T_\infty \equiv T_\infty^0 = $ 常数。从这些值中,温度因子的表达式为

$$F \equiv \frac{T_\infty}{T_w^0} \qquad (6.23)$$

式(6.16)右侧的函数 I_i 是流向 CPS 的无量纲分子通量[12-13]。基于参数 $|s_\delta|$ 的线性化无量纲通量给出了如下的参数组合：

$$\begin{cases} I_1 = 1 - \sqrt{\pi} s_\delta \\ I_2 = 1 - 4/\sqrt{\pi} s_\delta \\ I_3 = 1 - 5\sqrt{\pi}/4 s_\delta \end{cases}$$

在混合条件式(6.12)下，状态式(6.14)和匹配式(6.21)和式(6.22)的平衡条件给出了比率：$\frac{|s_\delta|}{|s|} = \frac{s_\delta}{s} \equiv \frac{u_\delta/V_\delta}{u_\infty/V_\infty} = \frac{\rho_\infty}{\rho_\delta}\sqrt{\frac{T_\infty}{T_\delta}} = \frac{p_\infty}{p_\delta}\sqrt{\frac{T_\delta}{T_\infty}}$。由于值 $|s_\delta| \ll 1$ 和 $|s| \ll 1$ 与这些参数相对平衡的线性偏差成正比，可以在最后的比率中使用 $p_\delta \approx p_\delta^0$ 和 $T_\delta \approx T_\delta^0$。反过来，利用式(6.21)可以得到 $p_\delta^0 = p_\infty^0 \approx p_\infty$。这就产生了两个表面"$\delta - \delta$"与"$\infty - \infty$"上速度因子之间的关系：$\frac{s_\delta}{s} = \sqrt{\frac{T_w^0}{T_\infty}} = \frac{1}{G}$，其中 $G \approx \sqrt{F} = \sqrt{T_\infty/T_w^0}$。

现在用一种新的线性形式表示压力值 p_δ 和 p_w 以及温度值 T_δ 和 T_w：$p_\delta = p_\infty(1 + \eta_\delta s)$，$p_w = p_\infty(1 + \eta_w s)$，$T_\delta = T_\infty F^{-1}(1 + \tau_\delta s)$，$T_w = T_\infty F^{-1}(1 + \tau_w s)$。式(6.18)~式(6.20)经过线性转变后得到

$$\eta_w - \eta_\delta + \frac{1}{2}(\tau_\delta - \tau_w) = \sqrt{\pi} G^{-1} \qquad (6.24)$$

$$\eta_w + \eta_\delta = 4/\sqrt{\pi} G^{-1} \qquad (6.25)$$

$$\eta_w - \eta_\delta + \frac{1}{2}(\tau_w - \tau_\delta) = 5\sqrt{\pi}/2 G - 5\sqrt{\pi}/4 G^{-1} \qquad (6.26)$$

从式(6.24)~式(6.26)，可以得到在表面"$\delta - \delta$"与"$\infty - \infty$"上动力学跃变系数的比率：

$$\eta_w = 5\sqrt{\pi}/8 G + (2/\sqrt{\pi} - \sqrt{\pi}/16) G^{-1} \qquad (6.27)$$

$$\eta_\delta = -5\sqrt{\pi}/8 G + (2/\sqrt{\pi} + \sqrt{\pi}/16) G^{-1} \qquad (6.28)$$

$$\tau_w - \tau_\delta = 5\sqrt{\pi}/2 G - 9\sqrt{\pi}/4 G^{-1} \qquad (6.29)$$

从应用的角度来看，最有趣的是压力和温度在 CPS 处的跃变系数 η_w 和 τ_w，以及在混合表面处的相应值 η_δ 和 τ_δ，也就是内部模型参数。式(6.27)~式(6.29)包括 4 个未知数：η_w、η_δ、τ_w、τ_δ。前两个未知数来自式(6.27)和

式(6.28)。图6.3所示为压力跃变系数与温度因子的关系。函数$\eta_w(F)$在坐标$F_{min}=0.9186$处有最小值$\eta_{min}=2.123$。在混合表面上的关系$\eta_\delta(F)$是符号交替的,如图6.3所示:此函数在温度因子较小时为正,在温度因子较大时为负,其在$F=1.119$处通过零点。

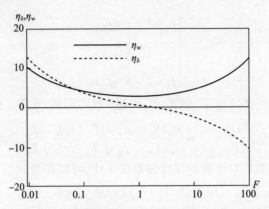

图6.3　CPS和混合表面上的压力跃变系数随温度因子变化的函数

6.3.2　对称情况和不对称情况

值得注意的是,压力跃变的式(6.27)和式(6.28)是对称的:它们都适用于蒸发过程($s>0$)和冷凝过程($s<0$)。下一阶段的分析在于找到温度跃变系数,观察蒸发/冷凝的不对称性。

对于冷凝问题,表面"w-w"和"∞-∞"的温度值与温度因子式(6.23)严格相关。于是,在T_∞为常数时,有$T_w=T_w^0=$常数,而且式(6.23)被重写为$F=T_\infty/T_w=$常数的形式。这意味着CPS不存在线性温度跃变:$\tau_w=0$。相反,跃变混合表面处的温度跃变系数可以由下式表示:

$$\tau_\delta = -5\sqrt{\pi}/2G + 9\sqrt{\pi}/4G^{-1} \qquad (6.30)$$

从图6.4中可以看出,函数$\tau_\delta(F)$与函数$\eta_\delta(F)$(图6.3中的虚线)相似:该函数在温度系数低的时候为正,在温度系数高时为负,在$F=0.9$处与零水平相交。

根据文献[15,18]可知,冷凝问题分为两个独立的任务:①冷蒸汽在热表面上的"异常"冷凝(区域$F<1$);②热蒸汽在冷表面上的"正常"冷凝(区域$F>1$)。值得注意的是,异常区域和正常区域的边缘($F=1$)几乎与$\eta_w(F)$最小值的坐标重合,也就是从式(6.27)计算得出的(图6.3中的实线)。因此,冷凝的线性问题是不对称的。

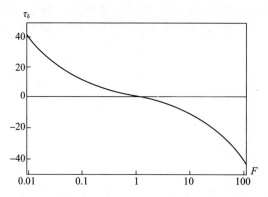

图 6.4 混合面上温度跃变系数与温度因子的关系

(1) 截面"w–w"与"∞–∞"的温度与温度因子式(6.23)相关联,F 取 $0 < F < \infty$ 范围内的任意值。

(2) 条件 $F = $ 常数给出条件 $\tau_w = 0$。

(3) 所需参数是取决于 F 的压力跃变,并且在平衡条件下变为零,当 $s \to 0$ 时,$\eta_w \to 0$。

(4) 对于 Knudsen 层内的相平衡的情况,满足等压条件,但等温性(不对称性)则不成立。

与上述情况相反,蒸发问题是对称的。

(1) 所需的参数是压力和温度的跃变,同时,当 $s \to 0$ 时,$\eta_w \to 0$,$\tau_w \to 0$。

(2) 将温度因子 F 指定为输入参数是错误的表述。

(3) 值 η_w 和 τ_w 与温度因子无关,因此,将此因子等效为温度因子 F。

(4) 对于 Knudsen 层内的相平衡状态,存在等压和等温的条件(对称性)。

与冷凝问题不同,蒸发不是一个闭合的问题。因此,需要找到第 4 个变量(温度跃变),这需要对方程组式(6.27)~式(6.29)附加一个条件,在此模型中,这种紧密关系很难找到,所以能满足于从式(6.29)中得出的半经验推理。冷凝问题的定义提供了条件 $\tau_w = 0$,于是,蒸发问题的存疑假设变成了一个替代条件:$\tau_\delta = 0$。因此,假设在式(6.27)~式(6.29)中有 $G = F = 1$,这给出了压力和温度跃变的关系:

$$\eta_w = 2.125, \quad \tau_w = 0.4431 \qquad (6.31)$$

混合表面的压力跃变系数为 $\eta_\delta = 0.1314$。

6.3.3 动力学跃变

基础研究文献[8]给出了线性蒸发问题的动力学跃变计算,考虑了 12 种可能的解法以及变形:其中5种基于一系列矩量方程,7种变形基于松弛Krook方程。文献[9]提供了文献[8]解决方案的"最佳"变形,即

$$\eta_w = 2.13, \quad \tau_w = 0.454 \tag{6.32}$$

式(6.32)取自文献[9]。从式(6.31)和式(6.32)的比较可以看出,它们的最大相对差异仅有2.4%。现在以更详细的形式呈现动力学跃变的解决方案。蒸发问题具有以下关系:

$$u_\infty > 0, \quad \frac{p_w - p_\infty}{p_\infty} = 2.125 \frac{u_\infty}{v_\infty}, \quad \frac{T_w - T_\infty}{T_\infty} = 0.4431 \frac{u_\infty}{v_\infty} \tag{6.33}$$

基于式(6.33),可以得出 $p_w > p_\infty$,$T_w > T_\infty$,即从CPS发射蒸气的压力和温度高于Navier-Stokes区域中的相应参数。冷凝问题具有以下关系:

$$u_\infty < 0; \quad \frac{p_w - p_\infty}{p_\infty} = (1.108\sqrt{\frac{T_\infty}{T_w}} + 1.018\sqrt{\frac{T_w}{T_\infty}})\frac{u_\infty}{v_\infty} \tag{6.34}$$

根据式(6.34),可得 $p_w < p_\infty$,这意味着被界面吸收蒸汽压力低于Navier-Stokes区域的进入蒸汽,并且无限远处的蒸汽温度可以高于($T_\infty > T_w$,正常冷凝)或低于($T_\infty < T_w$,异常冷凝)CPS的温度。如果温度相等,$T_w \approx T_\infty$,那么压力差 $p_w - p_\infty$ 取得最小值。

本章的主要结果是式(6.34),描述了冷凝问题中压力跃变与温度因子的关系。目前的文献还没有任何与蒸发问题[8-9]相似线性冷凝问题的精确解。因此,通过与强冷凝[18]的模拟结果进行比较,对式(6.34)进行了验证。Gusarov和Smurov[18]计算了温度因子值 F 为 0.1,0.2,0.5,1,4 和 10 下压力比 $\tilde{p}_w \equiv p_w/p_\infty$ 的3个值。每个计算的方案均包括区间 $0 < |M| < 1$ 中的 7~9 个计算点。

图6.5所示为 $\tilde{p}_w(|M|)$ 的依赖关系,在文献[18]中 $F = 0.2$ 的情况下得到。根据文献[18]的数值结果确定压力跃变,步骤如下。采用坐标的初始点 $\tilde{p}_w|_{Ma=0} = 1$ 作为基点,其对应于平衡态 $s = 0$。然后添加两个最近的点,其最小值为 $|Ma|$。这3个点给出了直线 $\tilde{p}_w = 1 - \alpha|M|$。通过以速度因子 $s \equiv u_\infty(2k_BT_\infty/m)^{-1/2}$ 表示马赫数 $M \equiv u_\infty(5k_BT_\infty/3m)^{-1/2}$,可以得到 $|M| = \sqrt{6/5}\,|s|$。CPS处无量纲压力的线性化关系给出了比率 $\tilde{p}_w = 1 + \eta_w s = 1 - \eta_w|s|$。比较 $\tilde{p}_w$ 的最后两个表达式能够得出线性压力跃变系数,也就是外推的 $|M| = 0$: $\eta_w = \sqrt{6/5}\alpha$。对于选定 $F = 0.2$ 的方案(图6.5),得到了 $\eta_w = 2.77$。这里要注意的是,对于文献[18]中考虑到 $F = 1$ 和 10 的方案,第二个非零点为 $|M| > 0.1$ 时的计算。从这3个点推断的误差变得太高,因此,对两个点——基本初始点和第

一个计算点——进行了线性外推。

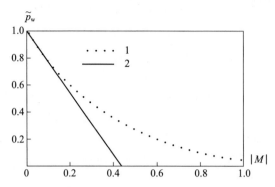

图6.5 文献[18]模拟数据中冷凝问题的压力线性跃变
1—文献[18]的模拟数据；2—线性近似。

如此获得的分析公式 $\eta_w(F)$ 在定性上符合数值结果（总共6个点），这再现了在 $F\approx1$ 处的最小值（图6.6）。然而，两种方法之间的定量一致性却差得多：相对偏差的最大值约为16%。从图6.6可以看出，这种"简单"外推法在理论和模拟之间产生了系统偏差。可以利用混合模型的特性来使用"改进的"外推：对于 $F=1$，蒸发和冷凝问题的压力跃变系数都是一样的，$\eta_w=2.125$［见式(6.31)］。还要注意，这个值几乎与蒸发线性理论的精确结果匹配一致[8-9]：η_w［见式(6.32)］。因此，将值 $\eta_w|_{F=1}=2.125$ 作为冷凝线性问题的精确解。接下来，将其与外推值 $\eta_w=1.95$[18] 进行比较，并将"简单"近似情况的系统误差估计为约9%。将所有外推值 η_w 乘以递增系数1.09，得到精确外推法。该过程将分析曲线和模拟曲线之间的偏差降低到合理的水平，约为8%（图6.6），而这种差异看起来仍然像是一种系统误差。

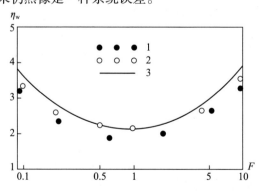

图6.6 文献[18]的模拟结果
1—简单外推；2—精准外推；3—按式(6.27)计算。

6.3.4 简要描述

现在对混合模型框架[15]中所使用的算法做一个简短的描述。

(1) 对于混合表面(在 Knudsen 层内),定义了移动到界面的分子通量分布函数,这种分布是由于蒸发/冷凝流动而产生的半 Maxwell 位移。

(2) 描述质量通量式(6.3)、动量通量式(6.4)、能量通量式(6.5)守恒的方程组因混合条件式(6.12)增广其描述范围,线性化后的这组方程变换为方程组式(6.27)~式(6.29)。

(3) 压力跃变系数由式(6.27)和式(6.28)给出,温度跃变系数的定义还需要式(6.29)的附加条件。

(4) 通过使冷凝相表面的温度跃变系数等于零(这仅仅是一个定义),得到了冷凝问题,对于这种情况,采用温度因子作为边界条件。

(5) 通过使混合表面的温度跃变系数等于零(合理的假设),得到了蒸发问题,这使得温度因子等于1。

总之,混合模型[15]在考虑了蒸发/冷凝过程的不对称性情况下,对蒸发/冷凝的线性过程给出了符合要求的描述。冷凝通过利用 Knudsen 层内部的特定截面,建立了向 CPS 移动分子通量的 DF,从而对该模型进行了修正。这使得几个混合表面能够以一定步骤收缩,直至到达界面。因此,人们可以计算积分特性(例如,参数的动力学跃变),并可以确定 Knudsen 层内 DF 行为的某些类型信息。混合模型在本书作者的论文[15,19-20]中得到发展。

6.4 小 结

先前发展的"混合模型"为蒸发和冷凝的线性动力学问题分析奠定了基础。利用这一模型,在 Knudsen 层内引入了"混合表面"概念:这里的气体状态是混合的。一方面,使用宏观概念,即质量通量和理想气体方程;另一方面,混合表面可能具有稳态温度场的不连续性。Knudsen 层内气体的微观和宏观特性的组合给出了描述蒸发(指定一个边界条件)和冷凝(指定两个边界条件)的最终公式。在此过程中,证明了蒸发/冷凝的不对称性为线性渐近。对于蒸发问题,得到了压力和温度跃变的表达式:这些结果几乎与经典线性理论的结果一致。该研究的关键结果是压力跃变与温度因子(冷凝问题)的解析关系。结果证明,这种依赖关系在反常和正常冷凝状态之间的边界附近具有最小值。本节也提出了该分析模型进一步发展的方向。

参考文献

1. Larina IN, Rykov VA, Shakhov EM (1996) Evaporation from a surface and vapor flow through a plane channel into a vacuum. Fluid Dyn 1:127–133
2. Kryukov AP, Yastrebov AK (2003) Analysis of the transfer processes in a vapor film during the injection of a highly heated body with a cold liquid. High Temp 41(5):680–687
3. Lezhnin SI, Kachulin DI (2013) The various factors influence on the shape of the pressure pulse at the liquid-vapor contact. J Engng Termophys 22(1):69–76
4. Kogan MN (1969) Rarefied gas dynamics. Plenum, New York
5. Bobylev AV (1987) Accurrate and approximate methods in the theory of the Boltzmann and Landau nonlinear kinetic equations. Keldysh Instutute Preprints, Moscow (In Russian)
6. Latyshev AV, Yushkanov AA (2008) Analytical methods in kinetic theory. Moscow State Regional University, Moscow (In Russian)
7. Labuntsov DA (1967) An analysis of the processes of evaporation and condensation. High Temp 5(4):579–647
8. Muratova TM, Labuntsov DA (1969) Kinetic analysis of the processes of evaporation and condensation. High Temp 7(5):959–967
9. Labuntsov DA (2000) Physical foundations of power engineering. Selected works, Moscow Power Energetic Univ, Moscow (In Russian)
10. Siewert CE (2003) Heat transfer and evaporation/condensation problems based on the linearized Boltzmann equation. Eur J Mech B Fluids 22:391–408
11. Anisimov SI (1968) Vaporization of metal absorbing laser radiation. Sov. Phys. JETP 27(1):182–183
12. Labuntsov DA, Kryukov AP (1977) Processes of intense evaporation. Therm Eng 4:8–11
13. Labuntsov DA, Kryukov AP (1979) Analysis of intensive evaporation and condensation. Int J Heat Mass Transf 2(7):989–1002
14. Yano T (2008) Half-space problem for gas flows with evaporation or condensation on a planar interface with a general boundary condition. Fluid Dyn Res 40(7–8):474–484
15. Zudin YB (2015) The approximate kinetic analysis of strong condensation. Thermophys Aeromech 22(1):73–84
16. Zhakhovskii VV, Anisimov SI (1997) Molecular-dynamics simulation of evaporation of a liquid. J Exp Theor Phys 84(4):734–745
17. Carslaw HS, Jaeger JC (1986) Conduction of Heat in Solids. Clarendon, London
18. Gusarov AV, Smurov I (2002) Gas-dynamic boundary conditions of evaporation and condensation: numerical analysis of the Knudsen layer. Phys Fluids 14:4242–4255
19. Zudin YB (2015) Approximate kinetic analysis of intense evaporation. J Engng Phys Thermophys 88(4):1015–1022
20. Zudin YB (2016) Linear kinetic analysis of evaporation and condensations. Thermophys Aeromech 23(3):437–449

第 7 章
蒸汽气泡生长过程的二元方案

本章符号及其含义

a —— 热扩散率
c_p —— 定压比热容
Ja —— Jakob 数
k —— 热导率
m —— 增长系数
p —— 压力
q —— 热流密度
R —— 气泡半径
R_g —— 单一气体常数
L —— 相变热
S —— Stefan 数
T —— 温度
t —— 时间

本章希腊字母符号及其含义

β —— 蒸发-冷凝系数
ε —— 相密度比
ζ —— 以气泡中心为原点的径向坐标
μ —— 动力黏度
ν —— 运动黏度
ρ —— 密度

本章下角标含义
b —— 气泡中的状态
e —— 能量旋节状态
max —— 最大值(旋节线)
min —— 最小值(双节)
v —— 蒸汽
s —— 饱和态
∞ —— 无限状态
* —— 处于压力阻塞点的状态

在与沸腾物理相关的应用中,必须知道加热表面上气泡的生长速率与液体和蒸汽的热物理性质、毛细作用、黏性和惯性力以及在界面上分子动力学定律的关系[1]。严格形式上,气泡的生长问题应由对液相和气相分别列出偏微分方程描述,并在界面处补充相容条件。一般情况下这种多参数问题的解只能是数值解。同时,为了模拟沸腾物理问题,需要气泡生长的近似解析解来找出控制各种参数影响的一般规律。沸腾过程物理模型的基础是无限大的均匀过热液体中,气泡的球对称增长的理想化问题[2]。

1859 年在文献[3]中首次提到了液体中蒸汽腔的动力学。过热液体中气泡的生长问题在实验和理论中得到了广泛研究,详见文献[4-5]。然而,在这一深入研究问题的框架内,存在一些十分重要但从未被考虑过的问题。因此,这里将讨论无限体积均匀过热液体中气泡的球对称增长问题。根据 Labuntsov 分类,给出了气泡生长的极限方案,并对能量-热方案进行了补充。同时,事实证明关于经典 Scriven 解的"普遍近似"的尝试并无效果。

7.1 生长过程的极限方案

Labuntsov[6]第一个建议在以下 4 种极限方案的框架内考虑每种效应的影响(图 7.1):①动态黏性方案;②动态惯性方案;③高能分子动力学(非平衡)方案;④能量热方案。一般情况下,气泡增长的真实情况是由所列举因素的总效应决定的。在两个(或多个)因素的影响下,气泡增长率将始终低于极限方案框架内计算的最小值。文献[6]给出了每个方案框架内气泡增长率的解析解。过热液体中气泡生长过程的基本关系式是热平衡方程,即

$$q = \rho_v L \dot{R} \tag{7.1}$$

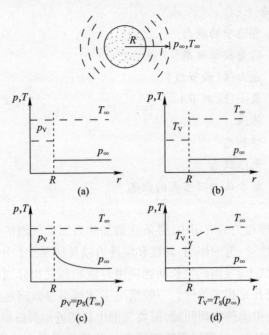

图 7.1 气泡生长的极限方案

(a)动态黏性方案;(b)动态惯性方案;(c)高能分子动力学方案;(d)能量热方案。

在绝大多数情况下,气泡的增长率 $\dot{R} = \mathrm{d}R/\mathrm{d}t$ 由液体介质对气泡球形膨胀的响应(动力效应)和边界上的蒸发强度(能量效应)控制。动力效应即考虑了黏性和惯性等性质,而能量效应由非平衡蒸发和界面供热机制决定。Labuntsov 提出的系统方法可以确定每种效应的相对贡献,并找出极限气泡生长的主要因素。同文献[6]一样,下面将简要讨论各个气泡增长的极限方案。

动态黏性方案[6]描述了这样一种情况:气泡中的蒸汽压力和远离气泡的液体压力之间的差被液相侧界面上黏性应力张量的法向分量平衡(图 7.1(a)),即

$$\Delta p = 4\mu \frac{\dot{R}}{R} \tag{7.2}$$

式中:$\Delta p = p_v - p_\infty$,$p_v = p_s(T_\infty)$ 是大部分液体在一定温度下的饱和压力。这种方案确定了一个半径很小的气泡在黏性很强的液体中的生长速度。在应变张量与应力张量线性耦合有效的框架内,可以得到牛顿流体区的边界。

动态惯性方案[7]描述了由于液体对其球形排斥力的惯性响应,在气泡和周围液体恒定压力差下($p_v - p_\infty = $ 常数)气泡的增长(图 7.1(b))。认为气液两相

温度恒定且均为 T_∞,液体径向运动的速度由 Rayleigh 方程[4-5]定义:

$$\frac{\Delta p}{\rho} = \frac{3}{2}\dot{R}^2 + R\ddot{R} \tag{7.3}$$

式中:$\ddot{R} = d^2R/dt^2$。

在 $\Delta p =$ 常数时,通过式(7.3)可得出经典 Rayleigh 方程:

$$R = \sqrt{\frac{2}{3}\frac{\Delta p}{\rho}}t \tag{7.4}$$

式(7.4)中假设了蒸汽密度远低于液体密度,即 $\rho_v \ll \rho$。这种方案适用于液体导热系数接近无限高的情况。

当非平衡效应在气相侧界面上占主导地位时,应考虑含高能分子动力学(非平衡)方案。假定气液两相压力为恒定,即 $p_v = p_\infty =$ 常数。两相界面处保持恒定温差:$\Delta T = T_\infty - T_v =$ 常数(图 7.1(c))。根据蒸发动力学理论,得到了文献[8]中气泡增长率的表达式:

$$\dot{R} = f\frac{p_\infty - p_s}{\rho_v\sqrt{2\pi R_g T_\infty}} \tag{7.5}$$

式中:$p_s = p_s(T_\infty)$;$f(\beta) = \beta/(1-0.4\beta)$,为蒸发冷凝系数 β 的函数。

该方案仅适用于蒸发冷凝系数 β 远小于 1 的情形。

7.2 能量热方案

7.2.1 Jakob 数

能量热方案通过非稳态热传导机制,描述了由过热液体向界面提供热量而产生的气泡生长。假定气液两相压力是恒定的($p_v = p_\infty =$ 常数),同时气泡中的蒸汽温度等于系统压力下的饱和温度(图 7-1(d))。气泡的生长可由自相似热扩散定律决定:

$$R = m\sqrt{at} \tag{7.6}$$

式中:m 为"增长系数"[1]。

能量热方案的研究是由德国热物理学家发起的[9-11]。1930 年,为了计算提供给界面的热流密度,Bosnjakovich 采用了非稳态热传导问题的求解方法,即

$$q = \frac{k\Delta T}{\sqrt{\pi at}} \tag{7.7}$$

结合式(7.1)、式(7.6)和式(7.7),可以推导出增长系数 m 的表达式:

$$m = \frac{2}{\sqrt{\pi}}\mathrm{Ja} \tag{7.8}$$

式中

$$\mathrm{Ja} = \frac{\rho c_p \Delta T}{L\rho_v} \tag{7.9}$$

Ja 为 Jakob 数,定义为液体过热焓与相变焓之比(单位体积),$\Delta T = T_\infty - T_v$ 为温差,$T_v = T_s(p_\infty)$。经过后来对热增长规律的研究[10-11],推导出了接近式(7.8)的公式。早期文献[9-11]中的理论模型忽略了液体介质运动对气泡生长的影响,具有准静态特性。

7.2.2 Plesset – Zwick 公式

Plesset 和 Zwick[12] 借助于一个非常复杂的数学分析,并遵循自相似定律式(7.6),首次获得了球体在过热液体中膨胀时表面热流的表达式:

$$q = \sqrt{\frac{3}{\pi}}\frac{k\Delta T}{\sqrt{at}} \tag{7.10}$$

由于存在球因子数,式(7.10)与准静态式(7.7)不同。基于气泡能量方程的解,文献[12]中得到了著名的 Plesset – Zwick 公式:

$$m = 2\sqrt{\frac{3}{\pi}}\mathrm{Ja} \tag{7.11}$$

Plesset 和 Zwick[12] 从最一般的形式(适当地考虑了黏性和惯性阻力、毛细现象和蒸发的非平衡条件的影响)出发,随后相继提出了一系列简化假设。与之相反,Birkhoff 等[13] 最先指出了气泡生长扩散规律[式(7.6)],并证明了 Plesset – Zwick 公式可以反映能量热方案的通解在 $\mathrm{Ja} \to \infty$ 时的渐近性。与文献[9]的方法类似,这种极限情况对应了气泡表面液体中薄热边界层的物理思想。然而,与文献[9]的准稳态方法不同,它还考虑了气泡的球形动力学。

7.2.3 Scriven 解

在能量热方案的框架内,Scriven 在文献[14]中首次以积分方式获得了该问题的精确解析解。不幸的是,Scriven 以不适合实际应用大表格的形式给出了计算结果。也似乎是因为这种原因,Scriven 的开创性工作几乎没有被使用。毋庸置疑,文献[14]的优点在于其对能量热方案分析的渐近性——能量热方案正是在他的工作中提出的,其分析过程在后面也会提及。

气泡缓慢生长($\mathrm{Ja} \to 0$)的渐近性表示为

$$m = \sqrt{2\mathrm{Ja}} \qquad (7.12)$$

随后等温球面的定常供热问题其热流密度用下式确定[15]：

$$q = \frac{k\Delta T}{R} \qquad (7.13)$$

而气泡快速生长（Ja→∞）的渐近性表示为

$$S = \sqrt{\pi} m_* \exp(m_*^2) \mathrm{erfc}(m_*) \qquad (7.14)$$

式中：S 为 Stefan 数，定义为液体过热焓与相变焓之比（单位质量）；$m_* = \varepsilon m/\sqrt{12}$ 为修正的增长系数，$\varepsilon = \rho_v/\rho$ 为两相密度比；$\mathrm{erfc}(m_*)$ 为附加概率积分。

其中 S 还可以表示为

$$S = \frac{c_p \Delta T}{L} \qquad (7.15)$$

式(7.14)的解在 1860 年由 Neumann 首次得到，用于描述液体在球面上的凝固问题。1912 年，Riemann 和 Weber 在他们关于 Neumann 的讲座中提到了这一经典解法。关于两相密度相等时的凝固(融化)问题，Stefan 在其 1890—1891 年间的工作中给出了一个更为详尽的描述。自此，这一经典的数学物理问题连同它后续经历的若干次修改[16]在文献中被称为"Stefan 问题"。为了阐明式(7.14)和 Stefan 问题之间的联系，将讨论建立在气泡边界上的坐标系。在两相交界面附近，由蒸发引起的液体层减少 ΔR 可以用公式 $\Delta R \equiv R\varepsilon = m\varepsilon\sqrt{at}$ 来描述。如果将 ΔR 乘上球面因子$\sqrt{3}$，那么 m_* 的值与 Stefan 问题中的自相似变量相等[15-16]。

反过来讲，气泡快速生长的渐近性有两种情形：当 $m_* \to 0$ 时，Plesset - Zwick 公式来自式(7.14)。将式(7.14)右侧展开成 $m_* \to \infty$ 的级数，得到

$$m = \sqrt{\frac{6}{1-S}} \frac{1}{\varepsilon} \qquad (7.16)$$

由式(7.16)确定的增长系数对应于提供给气泡边界的热流密度：

$$q = \sqrt{\frac{3}{2(1-S)}} \frac{k\Delta T}{\sqrt{at}} \qquad (7.17)$$

这种渐近形式描述了无限高增长率的情况：$S \to 1$，而 $m \to \infty$。其物理意义取决于能量热方案的特殊性[17]。当液体的过热焓 $c_p \Delta T$ 与汽化潜热 L 数值上相等时，交界面附近液体的每个单位体积都容易汽化，而且不需要外部的供热，所以所有对相变速率的极限都消失了。

实际上，$S = 1$ 时的气泡增长率不能达到无限高，因为它受到其他因素的极

限,在分析中未考虑。在高增长速率下,液体中的惯性力增大会使得液体和气泡中的定压初始条件受到干扰。此外,由于蒸发过程固有的分子动力学特性,它不可能有无限高的强度。

均匀介质($\varepsilon = 1$)的渐近性描述了气液两相密度相等条件下球形凝固问题[15]:

$$S = \frac{m^2}{2}\left(1 - \frac{\sqrt{\pi}}{2}m\exp\left(\frac{m^2}{4}\right)\text{erfc}\left(\frac{m}{2}\right)\right) \tag{7.18}$$

式(7.18)是由 Frank[18] 于 1950 年得出的,至今仍是研究凝固/融化问题的理论基础[19]。在能量热方案的范畴内,这种假设情况对应于热力学临界点的条件 $\rho = \rho_v$,在这种情况下 Jakob 数[式(7.9)]等于 Stefan 数[式(7.15)]。对于小或大的增长系数 m,如果假设 $\varepsilon = 1$,那么式(7.18)就与相应的渐近公式式(7.12)和式(7.16)一致。

7.2.4 近似解

实际应用最重要的情形由两相密度相差很大($\varepsilon \ll 1$)实现。为了描述该条件下的 Scriven 解,Labuntsov 等[20]根据经验公式,对 Jakob 数整个变化范围内[14]的数据进行了近似计算:

$$m = 2\sqrt{\frac{3}{\pi}}\text{Ja}\left[1 + \frac{1}{2}\left(\frac{\pi}{6\text{Ja}}\right)^{\frac{2}{3}} + \frac{\pi}{6\text{Ja}}\right]^{1/2} \tag{7.19}$$

考虑一种或许可行的半经验方法来近似 Scriven 解,即用非稳态热传导的球形问题进行近似。从这个问题的解可知,球面表面的热流密度可以写成两个分量的叠加,即

$$q = \frac{k\Delta T}{\sqrt{\pi at}} + \frac{k\Delta T}{R} \tag{7.20}$$

当 $t \to 0$ 时,式(7.20)右侧第一项(与式(7.7)右侧一致),即非稳态项,对该式右侧的值起主导作用;而当 $t \to \infty$ 时,式(7.20)右侧第二项(与式(7.13)右侧一致)决定了右侧的值。现在用式[12]中由自相似定律式(7.6)展开的球体表达式式(7.10)代替式(7.20)中的非稳态项。带入热平衡方程式(7.1),得到

$$\text{Ja} = \frac{m^2/2}{1 + \sqrt{3/\pi}m} \tag{7.21}$$

求解增长模量 m 的二次方程式(7.21),可得

$$m = \sqrt{\frac{3}{\pi}}\text{Ja} + \sqrt{\frac{3}{\pi}\text{Ja}^2 + 2\text{Ja}} \tag{7.22}$$

当 Ja→0 时,式(7.22)得到了准稳态渐近的式(7.12)。当 Ja→∞ 时,式(7.22)则又转化为渐近的非稳态形式(7.11)。应注意到,两个近似值,即经验公式(7.19)和半经验公式(7.22)给出的近似值,在 Jakob 数的整个变化范围内(0 < Ja < ∞)与 Scriven 解的一致性高达 2%。其表达式(7.22)的结构与 Labuntsov 和 Yagov[1]提出的加热表面气泡生长公式相同:

$$m = 0.3\text{Ja} + \sqrt{(0.3\text{Ja})^2 + 12\text{Ja}} \qquad (7.23)$$

值得注意的是,在文献[1]中得到的式(7.23)是提供给气泡表面的两种热流的总和:从壁面(气泡的下部)通过液体微层和从过热的液体层(气泡的上部)穿过液体微层的热流。所示的对应关系似乎是支持了上述热流叠加法则式(7.20)的观点。

Straub[21]描述了在微重力区域进行的独特的沸腾实验:实验平台从110m高的塔上开始下落,然后观察这个由下落引起失重区域内的沸腾现象。这个在 ZARM(Zentrum für Angewandte Raumfahrttechnick und Mikrogravitation)程序框架内进行实验的一个显著特点是以一种"纯粹形式"模拟了气泡在单个核化位置上长时间(最长为5s)的球对称生长。图 7.2 给出了式(7.22)的计算结果与 $0.2 \leq \text{Ja} \leq 4$ 区域内冷却剂 R11 的实验数据[22]比较。该图所示的结果基本揭示了气泡缓慢增长渐近的重要作用,同时也证明了 Plesset-Zwick 公式在小 Jakob 数区域的不适用性。这一事实证实了文献[13]中关于式(7.11)的渐近性质的推论,该推论仅在 Jakob 数趋于无穷的范围内有效。

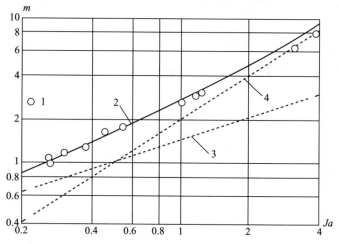

图 7.2　气泡生长的能量热方案

1—文献[22]的实验数据;2—用式(7.22)计算所得数据;
3—准稳态渐近式(7.12);4—用 Plesset-Zwick 公式计算式(7.11)。

在文献[23]中作者试图获得 Scriven 解的近似值,以适用于文献[14]的整个结果表。在文献[23]中,获得了以下"通用近似解"(据称其最大相对误差为 2.4%):

$$m = \sqrt{\frac{3}{\pi}} \text{Ja}\psi + \sqrt{\frac{3}{\pi}(\text{Ja}\psi)^2 + 2\text{Ja}} \qquad (7.24)$$

式中

$$\psi(S) = 1 + \sqrt{\frac{\pi}{2}}\left(\frac{1}{\sqrt{1-S}} - 1\right) \qquad (7.25)$$

比较式(7.24)中的近似值和式(7.18)中 Frank 的精确解是有趣的,后者是在整个增长系数变化范围 $0 < m < \infty$ 内对 Scriven 解求积分的唯一渐近值。对于这种极限情况,有必要在式(7.24)中假设 $\varepsilon = 1:\text{Ja} = S$。计算表明,式(7.24)的最大相对误差超过 12%($S \approx 0.75, m \approx 3.9$)。将式(7.24)与 Scriven 表进行选择性比较,结果表明,在异常过热范围内($0.75 \leq S \leq 1$),式(7.24)的误差增大。因此很不幸,文献[23]中提出的对 Scriven 解的"通用近似"并不可靠。

上述关于生长的极限方案的描述总体上再现了 Labuntsov 在文献[1]中所做的原始分析,并加入了与能量热方案有关的内容。这使人们可以继续前进,得出二元增长方案,描述两个因素同时对气泡增长的效应。

7.3 生长过程的二元方案

7.3.1 黏性-惯性方案

黏性和惯性动力因素同时作用的情况由 Rayleigh – Plesset 方程[4-5]描述:

$$\Delta p = 4\frac{\mu \dot{R}}{R} + \frac{3}{2}\rho \dot{R}^2 \qquad (7.26)$$

如果惯性力很小,即 $\rho \dot{R}^2 \ll \mu \dot{R}/R$,那么黏性增长方案式(7.2)由式(7.26)导出。当 $\Delta p = p_v - p_\infty = $ 常数时,式(7.26)可转换为二次方程,其解为

$$\frac{\text{d}R^2}{\text{d}t} = \frac{8}{3}v\left(\sqrt{1 + \frac{3}{8}\frac{\Delta p}{\rho v^2}R^2} - 1\right) \qquad (7.27)$$

当 $R \to 0$ 时,式(7.27)可得出确定气泡生长初始阶段的黏性渐近式(7.2);而当 $R \to \infty$ 时,气泡增长率由惯性定律式(7.4)确定。无须借助微分方程式(7.27)的积分就可以对黏度和惯性力的影响的相对大小进行比较。经过一

系列变换可得

$$Re_0 = \frac{4}{3}\left(\sqrt{1+\frac{9}{16}Re_\infty^2} - 1\right) \tag{7.28}$$

由式(7.28)可知,气泡生长的黏性 – 惯性二元方案由两个 Reynolds 数(Re)决定。$Re_0 = R_0\dot{R}_0/v$ 适用于初始黏性生长阶段:$\dot{R} = \dot{R}_0$,而 $Re_\infty = R_0\dot{R}_\infty/v$ 在惯性阶段中起主导作用。$\dot{R}_\infty = \sqrt{2/3(\Delta p/\rho)}$ 为 Rayleigh 增长率式(7.4)。当 $Re_\infty \to 0$ 时根据式(7.28)可得 $Re_0 = 3/8 Re_\infty^2$。气泡先按照黏性方案式(7.2)开始增长,并随时间推移进入惯性阶段式(7.4)。当 $Re_\infty \to \infty$ 时可实现 $Re_0 = Re_\infty$。若无黏性力的影响,从一开始,气泡就以惯性方案式(7.4)增长。

7.3.2 非平衡 – 热方案

由文献[1]可知,蒸发冷凝系数 β 表征了来自气相并在两相界面上被吸附的分子流占总分子流的份额,其值取决于表面状态和冷凝相的物理性质。一般情况下 β 的值在 0~1 之间变化。关于蒸发冷凝系数的一些实验和理论数据[24-25]表明,在正常条件下 $\beta \approx 1$。

根据文献[8]β 的值,生成的蒸汽可分为过饱和、过热和饱和的。因此,对于一般情况下的纯非平衡方案式(7.5)(图 7.1(c)),有 $T_v \neq T_s(p_\infty)$。同时,对于纯能量热方案,应严格满足条件 $T_v = T_s(p_\infty)$(图 7.1(d))。在这两种不同能量方案体系的框架内,缺失气相的通用基准温度,这是阻碍二元非平衡热方案制定的主要因素。

7.3.3 惯性 – 热方案

在微过热区域有 $S \ll 1$。在一般情况下,液体中气泡的球形膨胀会引起液体惯性阻力,进而导致界面处的压力升高。在这种情况下,气泡中的饱和蒸汽温度会升高,而液体和蒸汽之间的温差会降低。因此,向界面提供热量的强度会降低。因此,气泡的增长率将低于热能量方案预测的增长率。考虑到气泡表面温度随时间的变化,给出了气泡生长的二元惯性热图。该方案在文献[26]中利用非常粗糙的假设(饱和曲线的线性近似,气泡常数中的蒸汽密度),首次进行了研究。

文献[27]中给出了惯性热方案的极限情况下对应于高雅各布数区域的近似解析解:

$$R = 1.2\left(\frac{kc_p}{\rho_v}\right)^{1/4}\frac{R_g^{3/4}T_s^{\frac{5}{4}}}{L}t^{3/4} \tag{7.29}$$

式(7.29)的特点是没有用到液体过热度 ΔT,并且非自相似"3/4"增长规律 $R \sim t^{3/4}$ 有别于扩散关系式中的 $R \sim t^{1/2}$。

7.3.4 高过热区域

数值研究[28]表明,当蒸汽温度随时间变化时,可以在一定误差范围内,对提供给气泡表面的热流密度使用纯热方案框架内获得的关系式。因此,在分析高过热区域的惯性热方案时,将从式(7.17)开始。从这一关系式可以看出,尤其在高过热度区域,使用 Jakob 数作为基准参数是不正确的。这会导致 $S \equiv \varepsilon\text{Ja} > 1$ 的结果,但这是不允许的。

Aktershev[29]对高过热区气泡的生长问题进行了数值研究,得到了液体过热到热力学稳定边界(旋度[30])对应温度下的极限情况。文献[29]中表明,实验观察到的气泡增长速度可归因于长惯性阶段,在此过程中,液体和气泡之间保持着巨大的压差。

现在考虑初始 Stefan 数超过 1 的情况:$S = S_{\max} > 1$。由于式(7.17)必须在整个气泡增长期间保持不变,因此可以得出局部 Stefan 数必须始终保证 $S = S(t) < 1$。这种物理意义上的参数匹配减少了热和惯性两种机制的相互作用,这种效应在后面称为"压力阻塞"。

考虑了 $p-T$ 图中出现最大 Stefan 数的极限情况,如图 7.3 所示,气泡中饱和蒸汽的状态对应于饱和线上的点 $A\{p_{\min}, T_{\min}\}$,且过热液体的状态对应点 $B\{p_{\min}, T_{\max}\}$ 所在的线(液体极限过热线),AB 是等压线。

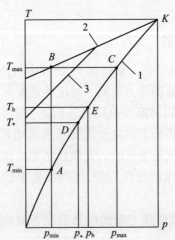

图 7.3 $S_{\max} > 1$ 时过热液体中气泡生长的阶段

1—双节点;2—旋节线;3—能量旋节。

Stefan 数由下式计算,即

$$S_{\max} = \frac{1}{L}\int_{T_{\min}}^{T_{\max}} c_p(T)\mathrm{d}T \tag{7.30}$$

式中:$T_{\max}$ 为能量旋节温度。

假设"能量旋节"在 $p-T$ 图中给出,在每条等压线上曲线 $T_e(p)$ 都满足以下条件:

$$S_e \equiv \frac{1}{L}\int_{T_{\min}}^{T_e} c_p(T)\mathrm{d}T = 1 \tag{7.31}$$

能量旋节由图 7.3 中的曲线 3 表示,它位于曲线 1、2 之间并随后与曲线 1、2 相交。在以下几个阶段分别在 $p-T$ 图中考虑气泡生长的阶段。

(1) 初始阶段:$t=-0$。蒸汽状态位于曲线 1 的 $A\{p_{\min}, T_{\min}\}$ 点上,液体位于曲线 2 的 $B\{p_{\min}, T_{\max}\}$ 点上并保持 $t>0$ 时,Stefan 数 $S=S_{\max}>1$。

(2) 初始阶段:$t=+0$。考虑液体的惯性,气泡中的压力从 $A\{p_{\min}, T_{\min}\}$ 点沿曲线 1 升到 $C\{p_{\max}, T_{\max}\}$ 点,其温度下降并且 Stefan 数降为 0,即 $\Delta T=S=0$。所有的这些变化是瞬间发生的。

(3) 过渡阶段:$t>0$。气泡按惯性 - 热方案生长,蒸汽的状态从 $C\{p_{\max}, T_{\max}\}$ 点"漂移"到 $D\{p_*, T_*\}$ 点,Stefan 数上升,即 $0 \leqslant S<1$。

(4) 渐近阶段:$t\to\infty$。蒸汽的状态在点 $D\{p_*, T_*\}$ 附近徘徊,该点对应于能量旋回的条件 $S(t)\to c_p(T_{\max}-T_*)/L=1$。温度 $T_{\max}$ 和 T_* 在"阻塞等压线"上,即 $p=p_*=$ 常数。当 $t\to\infty$ 时,气泡将通过渐近惯性方案式(7.4)生长,其中 $\Delta p=p_*-p_{\min}$。

因此,当气泡在 $S_{\max}>1$ 的区域生长时,压力阻塞效应发生在气相里:$S(t)\to 1$,$p(t)\to p_*>p_{\min}$,$T(t)\to T_*>T_{\min}$。实际上,气泡中的蒸汽状态只有当 $t\to\infty$ 才能达到压力阻塞点 $D\{p_*, T_*\}$。请考虑在 $t\to\infty$ 时,气泡状态从 $E\{p_b, T_b\}$ 点"移动到"$D\{p_*, T_*\}$ 点的生长规律。为气液两相系统引入符号:$\Delta T_b=T_{\max}-T_b$ 以及 $\Delta p_b=p_b-p_{\min}$。蒸汽在 $E\{p_b, T_b\}$ 点的温度和压力要高于 $D\{p_*, T_*\}$ 点的温度和压力,其差值表示为:$\Delta p_s=p_b-p_*$,$\Delta T_s=T_b-T_*$。这些值通过下式与总下降相关联:$\Delta p_s+\Delta p_*=\Delta p_b$,$\Delta T_s=\Delta T_*-\Delta T_b$。沿着饱和曲线上的小(线性)压力和温度下降可以通过 Clausius - Clapeyron 方程联系起来:

$$\frac{\Delta T_s}{T_*}=\frac{\Delta p_s}{L\rho_v} \tag{7.32}$$

从式(7.1)、式(7.3)、式(7.17)和式(7.32)中得到了压力阻塞区内气泡生长速率随时间变化的四次方程,其解在 $t\to\infty$ 时的渐近性可以写成

$$\dot{R}^2 = \frac{2}{3}\frac{\Delta p_*}{\rho} + \sqrt{\frac{\rho}{\rho_v}\frac{aL^2}{c_p T_*}\frac{1}{t}} \tag{7.33}$$

根据式(7.33)，当 $t\to\infty$ 时，气泡生长遵循有限 Rayleigh 定律，即

$$\dot{R} = \sqrt{\frac{2}{3}\frac{\Delta p_*}{\rho}} \tag{7.34}$$

阻塞压降 $\Delta p_* = p_* - p_{\min}$ 降低时（Stefan 数有"从上"归一化的趋势），式(7.3)右侧第二项（非稳态项）占主导地位。极限情况 $\Delta p_* = 0$ 描述了假想的平衡情况，其中 $S=1$，即

$$\dot{R} = \left(\frac{\rho}{\rho_v}\frac{aL^2}{c_p T_*}\frac{1}{t}\right)^{1/4} \tag{7.35}$$

如果将初始条件 $R=0$（$t=0$ 时）和式(7.35)结合起来，则可得下面的"平衡"增长定律：

$$R = \frac{4}{3}\left(\frac{\rho}{\rho_v}\frac{aL^2}{c_p T_*}\right)^{1/4} t^{3/4} \tag{7.36}$$

然而，应注意式(7.35)和式(7.36)对应的是一个绝对不稳定的平衡 $S=1$。实际中，当 $S<1$ 时，气泡生长将"停滞"于惯性-热方案中[29]；当 $S>1$ 时，则又"停滞"于 Rayleight 定律式(7.4)中的 $\Delta p = p_* - p_{\min}$。有趣的是，将分别获得的"四分之三"增长规律与异常 Jakob 数（R_{Ja}，式(7.29)）和异常过热（R_S，式(7.36)）条件进行比较，即

$$\frac{R_S}{R_{\text{Ja}}} \approx \left(\frac{L^2}{R_g c_p T_s^2}\right)^{3/4} \tag{7.37}$$

以压力 $p_s = 0.01\text{bar}$ 的十二烷为例，当两种极限效应的组合在理论上可行时：$\text{Ja}\gg 1$ 且 $S=1$，根据式(7.37)，就可得 $R_S/R_{\text{Ja}} \approx 5.6$。

7.4 小　　结

本章的主要结果是证明了气泡压力在液体反常过热区域中的阻塞效应，以及基于此的气泡生长规律式(7.33)。结果表明，气泡在液体中生长的过程中，当过热焓超过了相变热，液体向蒸汽的供热机制会出现一些异常。在二元惯性热方案框架内消除这种异常，则必然导致气相压力阻塞效应。结果表明，由于这一原因，惯性方案将产生渐近的气泡增长。为了定性地说明压力阻塞效应，引入了"能量旋节"的概念，即液体过热焓等于相变热的条件。结果表明，在液体过热度较高的区域，有必要用 Stefan 数代替 Jakob 数作为主要依据。同时对高过

热区 Stefan 数对气泡生长速率的影响进行了定性分析。此外还推导了压力阻塞区内气泡的生长规律，比较了气泡增长的极限"四分之三"定律，分别描述了高 Jakob 数和高过热的情况。

参考文献

1. Labuntsov DA (2000) Physical foundations of power engineering. Selected works, Moscow Power Energetic Univ. (Publ.), Moscow (In Russian)
2. Labuntsov DA, Yagov VV (2007) Mechanics of two-phase systems, Moscow Power Energetic Univ. (Publ.), Moscow (In Russian)
3. Besant WH (2013) A treatise on hydrostatics and hydrodynamics (Reprint). Forgotten Books, London
4. Prosperetti A, Plesset MS (1978) Vapor bubble growth in a superheated liquid. J FluidMech 85:349–368
5. Brennen CE (1995) Cavitation and bubble dynamics. Oxford University Press, Oxford
6. Labuntsov DA (1974) Current views on the bubble boiling mechanism. In: Heat transfer and physical hydrodynamics. Nauka, Moscow: 98–115 (In Russian)
7. Rayleigh L (1917) On the pressure developed in a liquid during the collapse of a spherical cavity. Philos Mag 34:94–98
8. Muratova TM, Labuntsov DA (1969) Kinetic analysis of the processes of evaporation and condensation. High Temp 7(5):959–967
9. Bosnjakovic F (1930) Verdampfung und Flüssigkeits Überhitzung. Technische Mechanik und Thermodynamik 1:358–362
10. Jakob M, Linke W (1935) Wärmeübergang beim Verdampfen von Flüssigkeiten an senkrechten und waagerechten Flächen. Phys Zeitschrift 36:267–280
11. Fritz W, Ende W (1936) Über den Verdampfungsvorgang nach kinematographischen Aufnahmen an Dampfblasen. Berechnung des Maximalvolumens von Dampfblase. Phys Zeitschrift 37:391–401
12. Plesset MS, Zwick SA (1954) The growth of vapor bubbles in superheated liquids. J Appl Phys 25:493–500
13. Birkhoff G, Margulis R, Horning W (1958) Spherical bubble growth. Phys Fluids 1:201–204
14. Scriven LE (1959) On the dynamics of phase growth. Chem Eng Sci 10(1/2):1–14
15. Carslaw HS, Jaeger JC (1986) Conduction of heat in solids. Clarendon, London
16. Mccue SW, Wu B, Hill JM (2008) Classical two-phase Stefan problem for spheres. Proc R Soc Lond Ser A Math Phys Eng Sci 464(2096): 2055–2076
17. Labuntsov DA, Yagov VV (1978) Mechanics of simple gas-liquid structures. Moscow Power Energetic Univ. (Publ.), Moscow (In Russian)
18. Frank FC (1950) Radially symmetric phase growth controlled by diffusion. Proc R Soc Lond Ser A Math Phys Eng Sci 201(1067): 586–599
19. Papac J, Helgadottir A, Ratsch C, Gibou FA (2013) Level set approach for diffusion and Stefan-type problems with Robin boundary conditions on quadtree/octree adaptive Cartesian grids. J Comput Phys 233:241–261
20. Labuntsov DA, Kol'chugin BA, Golovin VS, Zakharova EA, Vladimirova LN (1964) High-speed cine-photography investigation of the growth of bubbles in saturated water boiling in a wide range of pressures. High Temp 2(3):446–453
21. Straub J (2001) Boiling heat transfer and bubble dynamics in microgravity Adv. Heat Transf 35:157–172
22. Winter J (1997) Kinetik des Blasenwachstums. Dissertation. Technische Universität München, München

23. Avdeev AA, Zudin YB (2002) Thermal energetic scheme of vapor bubble growth (universal approximate solution). High Temp 40(2):264–271
24. Kryukov AP, Levashov VY (2011) About evaporation-condensation coefficients on the vapor-liquid interface of high thermal conductivity matters. Int J Heat Mass Transf 54(13–14):3042–3048
25. Kryukov AP, Levashov VY, Pavlyukevich NV (2014) Condensation coefficient: definitions, estimations, modern experimental and calculation data. J Eng Phys Thermophys 87(1):237–245
26. Mikic BB, Rosenow WM, Griffith P (1970) On bubble growth rates. Int J Heat Mass Transf 13:657–666
27. Yagov VV (1988) On the limiting law of growth of vapor bubbles in the region of very low pressures (high Jakob numbers). High Temp 26(2):251–257
28. Korabelnikov AV, Nakoryakov VE, Shraiber IR (1981) Taking account of nonequilibrium evaporation in the problems of the vapor bubble dynamics. High Temp 19(4):586–590
29. Aktershev SP (2004) Growth of a vapor bubble in an extremely superheated liquid. Thermophys Aeromech 12(3): 445–457 Skripov VP (1974) Metastable Liquid. Wiley, New York

第 8 章
蒸汽气泡生长过程中的压力阻塞效应

本章符号及其含义

a —— 热扩散率
c_p —— 比定压热容
Ja —— Jakob 数
m —— 增长系数
p —— 压力
q —— 热流密度
R —— 气泡半径
R_g —— 单一气体常数
L —— 相变热
S —— Stefan 数
T —— 温度
t —— 时间

本章希腊字母符号及其含义

ε —— 两相密度比
ρ —— 密度

本章下角标及其含义

b —— 气泡中的状态
cr —— 临界点上的状态
e —— 能量旋节状态
max —— 最大值(旋节)
min —— 最小值(双节)

非平衡蒸发和冷凝过程的解析解
Non-equilibrium Evaporation and Condensation Processes Analytical Solutions

s —— 饱和态

v —— 蒸汽

∞ —— 无限状态

* —— 处于压力阻塞点的状态

液体中的(蒸汽)气泡现象,虽然其成核具有波动性且气泡寿命短,但其表现形式广泛:水下声学、声发光、超声波诊断、表面纳米气泡摩擦的减少、核态沸腾等[2]。这些奇特现象,如喷射印刷中的微型液滴注射以及液体中气泡的螺旋上升路径(Leonardo da Vinci悖论),使得文献[3]的作者们提出了"气泡难题"。

气泡动力学问题最重要的应用是关于液体过热到饱和温度时的气泡,此时液体虽然保持相态不变,但已经变得不稳定(或说处于亚稳态)。这证明液体的亚稳态结果是在液体中产生和增长新的(气)相的核。研究这一现象的一个理想课题为均匀过热液体体积中气泡的球形不对称增长。然而,这一过程实验的实现面临着巨大的挑战。

少数的成功案例之一包括德国进行的在微重力条件下液体沸腾的实验[4](微重力的实现包括飞机的抛物线飞行、从塔上坠落或者太空环境等)。这项研究的计算理论部分在Picker的论文[5]中进行了描述,在该论文中,对气泡的生长进行了数值模拟,几乎考虑了这一过程中所有的因素。作者求解了在相边界处由相容条件放大的液相和气相的非稳态微分质量、动量和能量方程组。在文献[5]中获得的结果反映了计算数学的成果,这些成果可以研究给定参数范围内的问题。然而实用数值方法的缺点也同时暴露了出来。一方面,在文献[5]中需要处理大量实验数据;另一方面,在数值实验中参数选取上有范围的极限。因此,基于个别物理因素影响的气泡生长分析方法仍是当前的研究热点。

本章提出了高过热液体(过热焓超过相变热)中气泡生长问题的解析解。结果表明,从液体到界面的传热机制具有导致气相压力阻塞效应[6]的特殊性质。在某些具体实验条件下的数值计算结果也证明了这一点。

8.1 惯性-热方案

在文献[7]中,Labuntsov提出了一个系统的方法来解决过热液体中的气泡增长问题。他指出,一般情况下,气泡的生长速度由以下4种物理效应决定:①气泡周围介质的黏性阻力;②液体对气泡膨胀的惯性反应;③界面处的非平衡效应;④过热液体到气泡边界的传热机理。

在假设其他因素影响不存在的前提下,单独考虑到每一个因素的作用,即为气泡生长的极限方案。对文献[7]的分析得出了一个重要结论:在两个(或多个)因素同时作用下,增长率始终低于从相应方案计算出的最小极限值。尽管不同极限方案的物理内容不尽相同,但它们都基于热平衡方程,即

$$q = \rho_v L \dot{R} \tag{8.1}$$

利用 $\Delta p = \text{const}$,$\rho_v \ll \rho$,可实现经典 Rayleigh 方程描述的动态惯性方案:

$$R = \sqrt{\frac{2\Delta p}{3\rho}} t \tag{8.2}$$

式中:$\Delta p = p_v - p_\infty$,为"气泡 – 液体"压降;$p_v$ 为过热液体温度下的饱和压力;而 p_∞ 为无穷远处液体压力。

能量 – 热方案通过非稳态热传导机制描述了过热液体向气液界面传热过程中气泡的生长。假设两相压力恒定且相等($p_v = p_\infty$ = 常数),气泡中的蒸汽温度 T_v 等于系统压力下的饱和温度。气泡生长速率由自相似热扩散定律确定:$R = m\sqrt{at}$,其中 m 为增长系数,因此热增长率的表达式为

$$\dot{R} = \frac{m}{2}\sqrt{\frac{a}{t}} \tag{8.3}$$

能量 – 热方案的精确解析解由 Scriven 在文献[8]中得出。其结果可以整理为表格的形式,表格中可以体现出 $m = f(\varepsilon, S)$ 这一对应关系,其中 ε 为两相密度比,S 为 Stefan 数,定义为液体的过热焓与相变焓之比(两个量均以质量为单位),即

$$\varepsilon = \frac{\rho_v}{\rho} \tag{8.4}$$

$$S = \frac{c_p \Delta T}{L} \tag{8.5}$$

式中:$\Delta T = T_\infty - T_v$ 为两相之间的温差。

文献[8]还提出了诊断程序变量解的解析渐近公式。下面将使用文献[8]中当 $m_* \to \infty$ 时的渐近形式,即

$$S = \sqrt{\pi} m_* \exp(m_*^2) \operatorname{erfc}(m_*) \tag{8.6}$$

式中

$$m_* \equiv \varepsilon m / \sqrt{12} \tag{8.7}$$

它定义了修正的增长系数;$\operatorname{erfc}(m_*)$ 为附加的概率积分。反过来,式(8.6)包含

两个渐近。使 $m_* \to 0$ 得到 $S = \sqrt{\pi} m_*$，或者

$$m = 2\sqrt{\frac{3}{\pi}} \text{Ja} \tag{8.8}$$

式中：Ja 为 Jakob 数，定义为液体过热焓与相变焓之比（单位体积）：

$$\text{Ja} = \frac{\rho c_p \Delta T}{L \rho_v} \tag{8.9}$$

Stefan 数式(8.5)和 Jakob 数式(8.9)分别表示液体的质量和体积亚稳态的程度，它们的关系为

$$S = \text{Ja} * \varepsilon \tag{8.10}$$

式(8.8)经过非常繁复的数学分析，在文献[9]中首次得到，它代表著名的 Plesset–Zwick 公式。式(8.6)给出的隐式关系 $S(m_*)$ 可以简便近似为如下显式关系：

$$m_* = \frac{1}{\sqrt{\pi}} \frac{S(1 + (\sqrt{\pi/2} - 1)S)}{\sqrt{1 + \sum_{i=1}^{n} \alpha_i S^i}} \tag{8.11}$$

式中：$i = 1, 2, \cdots, n$。

式(8.11)使人们能够以任何精度得到式(8.6)精确解的近似值。例如，当 n 从 1 升至 7 时，在 $0 < m_* \leq 6$；$0 < S \leq 0.98665$ 的参数范围内，由式(8.11)计算得到的误差从 3% 降到了 0.01%。式(8.11)中，$n = 7$ 时，精确到小数点后四位的多项式系数值为：$\alpha_1 = -0.7604$，$\alpha_2 = -0.4452$，$\alpha_3 = 0.6153$，$\alpha_4 = -1.5366$，$\alpha_5 = 2.3369$，$\alpha_6 = -1.7361$，$\alpha_7 = 0.5261$。将式(8.7)代入式(8.11)中，得到了广义的 Plesset–Zwick 公式：

$$m = 2\sqrt{\frac{3}{\pi}} \text{Ja} \psi \tag{8.12}$$

式中：系数 ψ 定义为

$$\psi(S) = \frac{(1 + (\sqrt{\pi/2} - 1)S)}{\sqrt{1 + \sum_{i=1}^{n} \alpha_i S^i}} \tag{8.13}$$

使 $S \to 0$，得 $\psi \to 1$，式(8.12)即变为 Plesset–Zwick 公式(8.8)的经典形式。将式(8.6)右侧进行 $m_* \to 0$ 的级数展开，可以得到增长系数 m 的渐近表达式，即

$$m = \sqrt{\frac{6}{1-S}} \frac{1}{\varepsilon} \tag{8.14}$$

注意，式(8.11)的近似起初是根据提供渐近极限式(8.14)的条件构造的：
$$S\to 1; \psi\to\sqrt{\frac{\pi}{2}}\frac{1}{S\sqrt{1-S}}, m\to\sqrt{\frac{6}{1-S}}\frac{\text{Ja}}{S}。$$

从式(8.10)看来，式(8.14)描述了一个增长系数无限高的情形：$S\to 1$ 而 $m\to\infty$。这种渐近的物理意义来自能量-热方案[10]的特殊性。当液体过热焓 $c_p\Delta T$ 等于蒸发热 L 时，界面附近液体的每个单位体积都可以自由地变成蒸汽，不需要外界的热量输入，从而消除了相变速率的所有极限。从式(8.14)可以看出，在高过热温度范围内，在使用 Jakob 数时，应使用 Stefan 数作为基本参数，不能"进入" $S\equiv\varepsilon\text{Ja}>1$ 的区域。

在绝大多数情况下，气泡增长速率 $\dot R = \mathrm{d}R/\mathrm{d}t$ 由液体介质的惯性响应和界面蒸发速率的共同作用来确定[10]。从文献[6]的"二元"生长惯性热方案来看，气泡在液体中的球形膨胀引起其动态反应，导致气泡中的压力增加。其结果为气泡中蒸汽饱和温度上升，气液间的温差下降。结果表明，通过界面输入的的热流密度较小，气泡的实际生长速度低于能量-热方案得出的速度。因此，在一般情况下，有必要考虑气泡表面温度的时间变化。

在文献[11]中，首次从理论上描述了当 $S\ll 1$ 时生长的惯性-热方案。做了一些简化假设，其中最主要的假设是：气泡中的蒸汽密度在整个生长过程中是恒定的，等于系统压力 p_∞ 下的饱和蒸汽密度；饱和曲线中与汽相压力和温度相关的部分用线段近似表示。在文献[12]中，计算 $S\sim 1$ 的情形时作者使用了与文献[11]相同的计算方法(同样假设气泡密度不变)。在文献[13]中，对液体高过热温度范围内的气泡生长进行了详细的数值研究。

8.2 压力阻塞效应

由 Gibb 时间[14]可知，在亚稳态区对于液体温度的唯一物理极限是液相热力学稳定的条件：液相存在的上限是极限过热温度(旋节温度)。在文献[6]之后，考虑高度过热液体的情况，即 $S = S_{\max} > 1$，起点为数值研究得出的重要实践结论[15]：蒸汽温度随时间变化时，可以同时使用惯性生长和热生长两种极限生长规律，且精度较高。这样可以联立式(8.2)和式(8.3)，使它们右侧相等：

$$\dot R = \sqrt{\frac{2}{3}\frac{p_v - p_\infty}{\rho}} = \frac{m}{2}\sqrt{\frac{a}{t}} \tag{8.15}$$

从式(8.15)可以借助于广义 Plesset–Zwick 公式(8.12)得到隐式增长率方程，即

$$t = f(\dot{R}) \qquad (8.16)$$

式(8.16)的显式表示必须包含饱和曲线方程,这是非常难以处理的。根据无限增长率式(8.14)的渐近性,局部Stefan数应始终小于1: $S = S(t) < 1$。若满足这样的物理条件,那么在 $S \to 1$ 时可以采用特殊的惯性-热方案。

在 $p-T$ 图中考虑 $S = S_{\max} > 1$ 时蒸汽气泡的生长过程(图8.1)。气泡中的蒸汽状态对应于饱和线上的点 $A\{p_{\min}, T_{\min}\}$,而过热液体的状态对应于极限过热线上的点 $B\{p_{\min}, T_{\max}\}$,AB 是等压线。Stefan数由下式计算:

$$S_{\max} = \frac{1}{L} \int_{T_{\min}}^{T_{\max}} c_p(T) \mathrm{d}T \qquad (8.17)$$

式中:$T_{\max}$ 为旋节温度。

根据文献[6],通过"能量旋节",在 $p-T$ 图上的 $T_e(p)$ 曲线上,对于每条等压线都满足如下条件:

$$S_e \equiv \frac{1}{L} \int_{T_{\min}}^{T_e} c_p(T) \mathrm{d}T = 1$$

能量旋度由图8.1中的曲线3描述,位于曲线1和2之间,并与后者相交。因此,在深入亚稳态区域并达到旋节之前,理论上可以得到 $S = 1$ 的临界值。

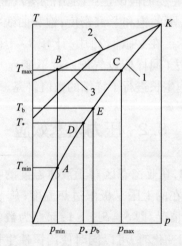

图8.1 在 $S_{\max} > 1$ 时,过热液体中气泡生长的阶段

1—双重;2—旋节;3—能量旋节。

在 $p-T$ 图中考虑 $S_{\max} > 1$ 的气泡生长阶段(图8.1)。

(1)初始阶段:$t = -0$。蒸汽状态位于曲线1的 $A\{p_{\min}, T_{\min}\}$ 点上,液体位于曲线2的 $B\{p_{\min}, T_{\max}\}$ 点上并保持 $t > 0$ 时,Stefan数 $S = S_{\max} > 1$。

(2) 初始阶段:$t = +0$。考虑液体的惯性,气泡中的压力从 $A\{p_{\min}, T_{\min}\}$ 点沿曲线 1 升到 $C\{p_{\max}, T_{\max}\}$ 点,其温度下降并且 Stefan 数降为 0,即 $\Delta T = S = 0$。所有的这些变化是瞬间发生的。

(3) 过渡阶段:$t > 0$。气泡按惯性 - 热方案生长,蒸汽的状态从 $C\{p_{\max}, T_{\max}\}$ 点"漂移"到 $D\{p_*, T_*\}$ 点,Stefan 数上升,即 $0 \leqslant S(t) < 1$。

(4) 渐近阶段:$t \to \infty$。蒸汽的状态在点 $D\{p_*, T_*\}$ 附近徘徊,该点对应于能量旋节的状态:$S(t) \to c_p(T_{\max} - T_*)/L = 1$。温度 $T_{\max}$ 和 T^* 在"阻塞等压线"上:$p = p_*$ = 常数,当 $t \to \infty$ 时,气泡将通过渐近惯性方案生长,即

$$\dot{R} = \sqrt{\frac{2}{3}\frac{(p_* - p_{\min})}{\rho}} \tag{8.18}$$

因此,当气泡在 $S_{\max} > 1$ 的区域生长时,压力阻塞效应必定会发生在气相[6]中,$S(t) \to 1, p(t) \to p_* > p_{\min}; T_{\min} \to T_* > T_{\min}$。

8.3 亚稳态区域的 Stefan 数

如果要用式(8.7)准确计算亚稳态区的 Stefan 数式(8.5),则必须在实际气体状态方程[16]的基础上进行。值得注意的是,文献[16]出版时,基于 Van der Waals 经典方程的 100 多个状态方程已经发表。从那时起,它们的数量继续稳步增长,但最适用于工程计算的方程仍然是"旧"方程,如 Dieterici、Berthelot、Redlich Kwong 和其他方程[17]。例如,从 Soave - Redlich - Kwong 方程[17]可以得到以下旋节线方程的近似值:

$$\frac{T_{\max}}{T_{cr}} = 0.89 + 0.11 \frac{p}{p_{cr}} \tag{8.19}$$

式中:T_{cr} 和 p_{cr} 分别为临界点 K 处的温度和压力(图 8.1)。

传统亚稳态区热物性的近似计算方法是温度近似法[14]。为了说明这种方法,考虑旋节过热的极限情况(图 8.1)。在 $t = -0$ 的时刻,系统中给定压力条件下,B 点在液体增长温度下的压力阻塞效应可通过式(8.19)计算。在 $t = +0$ 时(介质开始产生惯性响应),气泡压力逐步增加到 $p_{\max}$(C 点)。此时,曲线 1 与等温线 $T = T_{\max}$ 交点处的定压比热容在数值上等于 $c_p(T_{\max})$,这个值大于饱和温度下的定压比热容 $c_p(T_{\min})$。根据温度近似的方法,在亚稳态区域确定 c_p 的误差原则上无法验证。

Novikov 在其专著[18]中概括了他多年来在第二类相变理论领域的研究成果。Novikov 在 Gibbs 和 Landau 的思想上更进一步,他[18]证明了热力学性质的

特殊表现在热力学临界点附近和旋节附近存在相似之处。尤其是根据文献[18],在亚稳态区域,沿等压线逼近旋节时,函数 $c_p(T)$ 符合通用比例定律:

$$\frac{c_{p\min}}{c_p} = (1-\theta)^\alpha \tag{8.20}$$

其中:$\theta = (T - T_{\min})/(T_{\max} - T_{\min})$;$\alpha$ 为准临界指数。

式(8.21)的依赖性也可在文献[19]中得到证实。文献[18]的理论严格适用于旋节附近(点 B,图 8.1),但它没有说明 c_p 在整个亚稳态区域等压线上的行为(区间 AB,图 8.1)。关于文献[18]中准临界指数在给出区间 $1/3 < \alpha < 1/2$ 内的确切值问题也有待解决。在德国发表的文献[20-21]对这些问题给出了可能的答案。例如,在文献[20]中,根据对不同状态方程的计算,建议取 $\alpha = 1/2$。此时比例定律式(8.20)具有如下形式:

$$\frac{c_{p\min}}{c_p(\theta)} = \sqrt{1-\theta} \tag{8.21}$$

图 8.2 比较了式(8.22)与在文献[21]中基于 Berthelot 方程(在 $\frac{p}{p_{cr}} = 0.6$ 条件下)进行的数值解的结果。将式(8.20)代入式(8.17),可得出整个亚稳态区域上($p=$ 常数:$T_{\min} < T < T_{\max}$)平均 Stefan 数的关系式:

$$S_{\max} \equiv \frac{1}{L_{\min}} \int_{T_{\min}}^{T_{\max}} c_p(T) \mathrm{d}T = \frac{1}{1-\alpha} \frac{c_{p\min}(T_{\max} - T_{\min})}{L_{\min}} \tag{8.22}$$

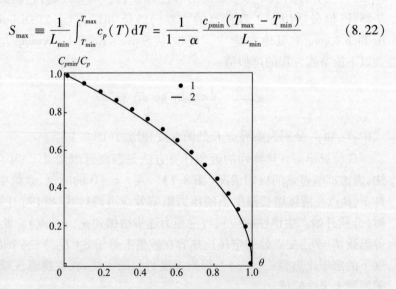

图 8.2 在 $p/p_{cr} = 0.6$ 时,亚稳态区定压比热容变化的比例定律
1—按 Soave – Redlich – Kwong 计算;2—按式(8.21)计算。

8.4 丁烷液滴的起泡过程

在文献[22]中,利用时间分辨率为 10^{-3} 的高速成膜技术,研究了大气压下丁烷液滴在乙二醇中的起泡过程。当液滴表面温度接近旋节温度时,气泡开始膨胀,时间约为 $100\mu s$ 时气泡表面到达液滴边界。分析应用于文献[22]实验条件下的气泡增长规律。利用比例定律式(8.22),经过若干初等变换后,得到了式(8.16)。必要的热力学性质以表格形式给出,用二次曲线逼近。在分析中,需要强调的是,根据计算得到 Stefan 数的初始值为 $S_{max} = 1.26$。由此可知,从本模型的角度来看,在文献[22]中的实验是在压力阻塞区域进行的。

气泡增长率随时间的关系如图8.3所示。这里可以将其分为3个主要的生长阶段。在很短的初始时期($t < 10^{-6}\mu s$),气泡遵循 Rayleigh 定律式(8.2)增长。在持续时间较长的中间阶段($10^{-6}\mu s < t < 10^{-4}\mu s$),气泡生长受惯性机制和热机制的共同影响。最终,在 $t > 10^{-4}\mu s$ 时,压力阻塞效应开始体现出来:气泡生长遵循渐近 Rayleigh 定律式(8.28)。气泡中蒸汽压力不会下降到 $p_* = 2.1bar$ 以下。图8.4描述了根据修正后的增长系数 m_*(图8.4(a))和时间(图8.4(b))得到局部 Stefan 数的变化规律。

利用计算机的 Maple 代数程序,对式(8.16)的形式进行数值积分,得到了寻求的气泡生长曲线 $R(t)$。在 $5\mu s < t < 100\mu s$ 的范围内,曲线用简单的空间关系近似地表示为

$$R \approx 6t^{0.9} \tag{8.23}$$

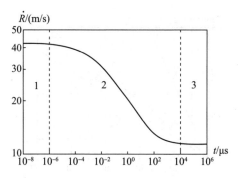

图8.3 在文献[21]的实验条件下计算气泡生长速度与时间的关系
1—初始 Rayleigh 定律阶段;2—中间按惯性-热定律;3—渐近瑞利定律。

这里 R 的单位是 mm,t 的单位是 μs。数值计算结果如图8.5所示。直线1和2描述了相应的 Rayleigh 增长规律,即初始[式(8.2)]和渐近[式(8.18)]增长

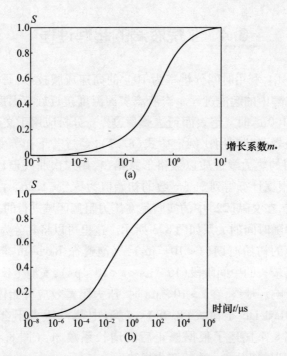

图 8.4 在文献[21]的实验条件下,局部 Stefan 数随修正增长系数和时间的函数
(a)增长系数;(b)时间。

规律。如图 8.5 所示,生长曲线的惯性热分支(图 8.3 中的区域 2)与文献[22]的实验数据吻合良好。以上结果可作为压力阻塞效应的直观说明。因此,压力阻塞效应不是一个抽象的概念,而是可以通过具体的实验来实现。

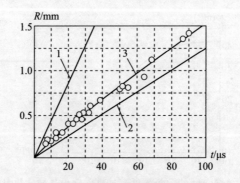

图 8.5 丁烷液滴的气泡生长曲线

○—文献[21]的实验数据;1—初始 Rayleigh 定律;
2—渐近 Rayleigh 定律;3—计算关系式。

对文献[13]的数值研究也得到了与文献[22]的实验数据很好的一致性。

文献[13]的作者没有指出计算亚稳态区等压热容的方法,但是这里可以假设使用标准温度近似法。如文献[13]第 454 页所示,温度区间 273~378K 内定压比热容值的范围为 2.34~3.20kJ/(kg·K)。这与丁烷在大气压下沸腾时沿 B 点和 C 点之间二点线的定压比热容变化范围完全一致(图 8.1)。基于此,根据文献[13]中的数值计算条件得到 $S_{max}=0.868$。

因此根据文献[13]中所采用的方法来看,压力阻塞效应不能从原则上揭示。因此,对相同的实验数据[22]有两种截然不同的定性解释,在这两种情况下,模型和实验之间有很好的定量一致性。文献[13]的作者认为……在实验中观察到的高增长率可以用长惯性阶段来解释,在此阶段中,液体和气泡之间存在持续的巨大压力差……因此,根据文献[13],随着时间推移,生长的惯性-热定律必然"下降"为渐近热定律。

本模型基于图 8.3 展示的压力阻塞效应。在非常短的初始阶段(第一阶段),气泡按照惯性 Rayleigh 定律增长 $R\sim t$。在第二阶段(惯性-热阶段),生长曲线用 $R\sim t^n$ 近似,并且在文献[13]的实验条件下,指数 n 在 0.9 和 1 之间变化。最后,随着时间的推移,惯性-热增长定律将平稳地过渡到渐近 Rayleigh 定律(第三阶段)。

文献[12]的作者设法解释了文献[22]中获得的点仅适用于初始的很短时间: $t<40\mu s$。同时,$t<40\mu s$ 时,气泡半径的计算值与实验值之间的差值增大[22],在 $t\sim100\mu s$ 时,差值变为两倍之多。似乎如此大的差异是由计算程序[12]的本质缺陷造成的,这实际上是对文献[11]原始模型的区域 $S\sim1$ 及其所有严格假设的外推。例如,文献[11-12]的作者考虑了气泡压力随时间的变化,但忽略了当气泡从 $C\{p_{max},T_{max}\}$ 移动到 $D\{p_*,T_*\}$ 时(图 8.1)密度随时间的相应变化,而密度变化的系数约为 17。然后,用直线近似局部饱和曲线会严重扭曲惯性和热增长机制之间相互作用的真实情况[10]。最后,在计算文献[12]中式(8.15)右侧的增长系数时,采用了 $S\sim1$ 区域内误差超过 10% 的 Scriven 积分近似值[8]。由于使用了这样相互矛盾的初始条件的"整合",却没有证明其可靠性,因此几乎不可能确定计算模型[12]的适用范围。还应注意到,文献[12]中对普遍公认 Plesset-Zwick 公式的批评是毫无根据的,因为该公式是计算气泡增长的基础[9-11]。在分析中,重要的是,通过温度近似法计算出的文献[12]中最大 Stefan 数不应超过 0.7,这样就排除了压力阻塞效应。

8.5　寻找解析解

式(8.23)表示单个数值实验结果的近似值,其中得到了对于给定液体(丁烷)在给定温度 T_{min}、T_{max} 和压力 P_{min}、P_{max} 下的 $R(t)$ 关系(气泡的生长曲线)。在应用问题中,蒸汽气泡的生长规律通常不是分析的直接目标。因此,要建立核态沸腾传热物理模型,就必须了解其生长规律[7,10]。因此,在各种诊断程序变量中寻求描述气泡生长的近似解析方程成为一个热门话题。

在 Weigand 的文献[23]中,给出了单相热流体动力学问题的广泛解析解。接下来列出经典分析方法相对于数值方法的优点。

(1) 分析方法的重要性在于,它提供了对所考虑过程进行闭合定性描述的可能性,揭示了从空间维度诊断程序变量的完整列表,并根据变量的重要性对其进行分级分类。

(2) 解析解需要具有必要的通用性;因此,改变它们的边界和初始条件从而能够对广泛的问题进行参数研究。

(3) 为了检验输入精确方程的数值解,需要得到简化方程的基本解析解。后者是对单个项重要性的物理估计,并排除了次级效应。

(4) 将数值计算结果应用于实际的必要条件是对已知经典解的验证,因此,只有在现有解析解的基础上,才能直接检验数值研究的正确性。

综上所述,可以认为上述分析方法的优点在 Labuntsov 论文[7]中研究气泡增长的极限方案时得到了体现,该论文仍然是热门话题。在文献[24]中,分析了由惯性效应决定并假设在大 Jakob 数范围内起重要作用的气泡生长过程的特征。在这种条件下,实验中气泡的生长由关系 $R \sim t^n (n>5)$ 来近似,如果不考虑气泡在其生长过程中的压力和温度变化,就无法解释这一点。结果表明,在低压范围内饱和曲线方程几乎不可能用线性函数来近似,因为在气泡生长过程中,压力变化很大。作为替代方法,指数近似法 $P_s = P_s(T)$ 提出了从三相点到大气压的压力变化范围。

以隐式形式获得了一个单参数代数方程:$\dot{R} = \dot{R}(R)$,它能将气泡的增长率与其半径联系起来。关系式 $R = R(t)$ 会产生一个不能用简单求积法求解的非线性微分方程。通过对 $\dot{R} = \dot{R}(R)$ 的积分(考虑到饱和曲线的指数近似)可以得到寻求的增长规律。

在文献[25]中(另见文献[10]),通过对问题的数学描述中进行一些简化,对于非常大的 Jakob 数(Ja > 500)的极限情况,获得了惯性热增长定律的近似解析解:

$$R = 1.2 \left(\frac{Lc_p}{\rho_v} \right)^{1/4} \frac{R_g^{3/4} T_s^{\frac{5}{4}}}{L} t^{3/4} \qquad (8.24)$$

在这种情况下,采用了饱和曲线 $p_s = p_s(T)$ 的二次近似。式(8.24)预测了

气泡半径 $R \sim t^{3/4}$ 随时间变化的中间规律,这与 $R \sim t$ 时的惯性增长方案和 $R \sim t^{1/2}$ 时的能量方案形成了对比。

在文献[6]中,得到了压力阻塞区域内气泡增长率随时间变化的近似解析解:

$$\dot{R}^2 = \frac{2}{3}\frac{\Delta p_*}{\rho} + \sqrt{\frac{\rho}{\rho_v}\frac{aL^2}{c_p T_*}\frac{1}{t}} \tag{8.25}$$

从式(8.25)得到,当 $t \to \infty$ 时,气泡按极限 Rayleigh 定律[式(8.2)]生长。随着上式右侧"阻塞压力" $\Delta p_* = p_* - p_{\min}$ 的下降(也就是 Stefan 数趋于归一化时),第二项逐渐占据主导地位。极限情况 $\Delta p_* = 0$ 描述了 $S = 1$ 的"平衡"情况:

$$\dot{R} = \left(\frac{\rho}{\rho_v}\frac{aL^2}{c_p T_*}\frac{1}{t}\right)^{1/4} \tag{8.26}$$

在初始条件 $R = 0 (t = 0$ 时)下对上式进行积分,得到"平衡"增长规律:

$$R = \frac{4}{3}\left(\frac{\rho}{\rho_v}\frac{aL^2}{c_p T_*}\right)^{1/4} t^{3/4} \tag{8.27}$$

注意,绝对不稳定平衡式(8.27)的情况是假设的:现实情况下 $S<1$ 气泡生长过程将"下降"到惯性热方案中;而当 $S>1$ 时生长过程将在 $\Delta p = p_* - p_{\min}$ 处遵循 Rayleigh 定律[式(8.18)]。有趣的是,Ja $\gg 1$ [式(8.24)]和 $S = 1$ [式(8.27)]两种情况下的"3/4"型增长规律都不包含液体过热。在文献[25]中(另见文献[10]),通过式(8.24)计算和实验研究[25]对过热氟利昂 R113(通过减压产生过热)体积中的气泡增长进行了比较。在液体过热的情况下,实验结果和计算得到的气泡生长曲线之间吻合较好:$p_\infty = 1.9$ kPa,$\Delta T = T_\infty - T_s(p_\infty) = 59.4$ K,Ja $= 3195$。据估计,在所考虑的条件下,过热液体的温度肯定是旋节温度:$T_\infty = T_{\max}$。因此,在此条件下,可以使用比例定律式(8.21)计算亚稳区的定压比热容,将 $\alpha = 1/2$ 代入式(8.22)得到 $S_{\max} \approx 0.7$。这意味着,在文献[25]的实验条件下,压力阻塞效应被初步排除。

基于上述考虑,可以提出以下算法来构造强过热区气泡生长问题的解析解。

(1)在惯性-热区域(图8.3中的区域2),关系式 $R(t)$ 可以用 $R = At^n$ 近似地描述,其中 A 是与某热物性相关的待定系数。

(2)根据式(8.24)和式(8.27),指数的范围为:$n \geq 3/4$。

(3)根据惯性-热增长方案的物理内容,指数范围 $n \leq 1$。

(4)根据式(8.23),指数是 Stefan 数的函数:$n = n(S)$。

8.6 小　结

本章研究了过热焓超过相变热的液体中蒸汽气泡的生长问题。当 Stefan 数超过 1 时，出现了由液体向蒸汽传热导致气相压力阻塞效应的机理特征。将著名的 Plesset–Zwick 公式推广到了强过热区域。采用定压比热容变化的比例定律计算了亚稳态区的 Stefan 数。此外本章还介绍了数值求解丁烷液滴起泡实验条件的问题，构造了一种求解范围大于 1 的 Stefan 数的近似解析解的算法。本章的主要结果是证明了文献[6]中引入的"压力阻塞"概念。

参考文献

1. Prosperetti A (2004) Bubbles. Phys. Fluids 16. Paper 1852
2. Lohse D (2006) Bubble puzzles. Nonlinear Phenom Complex Syst 9(8.2):125–132
3. Straub J (2001) Boiling heat transfer and bubble dynamics in microgravity. Adv Heat Transf 35:157–172
4. Picker G (1998) Nicht-Gleichgewichts-Effekte beim Wachsen und Kondensieren von Dampfblasen, Dissertation, Technische Universitat München, München
5. Zudin YB (2015) Binary schemes of vapor bubble growth. J Eng Phys Thermophys 88(8.3):575–586
6. Labuntsov DA (1974) Current views on the bubble boiling mechanism. In: Heat transfer and physical hydrodynamics, Nauka, Moscow, 98–115 (In Russian)
7. Scriven LE (1959) On the dynamics of phase growth. Chem Eng Sci 10(1/2):1–14
8. Plesset MS, Zwick SA (1954) The growth of vapor bubbles in superheated liquids. J Appl Phys 25:493–500
9. Labuntsov DA, Yagov VV (1978) Mechanics of Simple Gas-Liquid Structures. Moscow Power Engineering Institute, Moscow (In Russian)
10. Mikic BB, Rosenow WM, Griffith P (1970) On bubble growth rates. Int J Heat Mass Transf 13:657–666
11. Avdeev AA, Zudin YB (2005) Inertial-thermal govern vapor bubble growth in highly superheated liquid. Heat Mass Transf 41:855–863
12. Aktershev SP (2004) Growth of a vapor bubble in an extremely superheated liquid. Thermophysics and Aeromechanics 12(8.3):445–457
13. Skripov VP (1974) Metastable liquid. Wiley, New York
14. Korabel'nikov AV, Nakoryakov VE, Shraiber IR (1981) Taking account of nonequilibrium evaporation in the problems of the vapor bubble dynamics. High Temp 19(8.4):586–590
15. Vukalovich MP, Novikov II (1948) Equation of state of real gases. Gosenergoizdat, Moscow (In Russian)
16. Reid RC, Prausnitz JM, Poling BE (1988) The properties of gases and liquids, 4th edn. McGraw-Hill Education, Singapore
17. Novikov II (2000) Thermodynamics of spinodal and phase transitions. Nauka, Moscow (In Russian)
18. Boiko VG, Mogel KJ, Sysoev VM, Chalyi AV (1991) Characteristic features of the metastable states in liquid-vapor phase transitions. Usp Fiz Nauk 161(8.2):77–111 (In Russian)

19. Thormahlen I (1985) Grenze der Überhitzbarkeit von Flüssigkeiten: Keimbildung und Keimaktivierung, Fortschritt-Berichte VDI. Verfahrenstechnik. VDI-Verlag, Düsseldorf, Reihe 3, Nr. 104
20. Wiesche S (2000) Modellbildung und Simulation thermofluidischer Mikroaktoren zur Mikrodosierung, Fortschritt-Berichte VDI. Wärmetechnik/Kältetechnik. VDI-Verlag, Düsseldorf, Reihe 19, Nr. 131
21. Shepherd JE, Sturtevant B (1982) Rapid evaporation at the superheat limit. J FluidMech 121:379–402
22. Weigand B (2015) Analyticalal methods for heat transfer and fluid flow problems, 2nd edn. Springer, Berlin
23. Labuntsov DA, Yagov VV (1975) Dynamics of vapor bubbles in the low-pressure region. Tr MEI 268:16–32 (In Russian)
24. Yagov VV (1988) On the limiting law of growth of vapor bubbles in the region of very low pressures (high Jakob numbers). High Temp 26(8.2):251–257
25. Theofanous TG, Bohrer TG, Chang MC, Patel PD (1978) Experiments and universal growth relations for vapor bubbles with microlayers. J Heat Transf 100:41–48

第 9 章
三相界面上的蒸发弯液面

本章缩略语
BC　Boundary Conditions　边界条件

纳米技术、微电子和纳米电子学的现代进展与微观物体中界面边界行为的分析密切相关,特别是对气液界面的详细分析。其中特别重要的是分子间作用力和表面张力的作用,这些力可以控制宏观薄膜的运动。在实际应用中,超薄(纳米级)薄膜仅出现在晶体生长过程、印制电路板处理、生物微反应器等方面。纳米技术涉及极性流体,其中水是最常见的一种。在两种介质的界面上,极性流体可能形成双电层,对界面行为产生影响。当刚性表面和液体表面接触时,这种效应表现为特定的分子间作用力和表面力的形式。

Wayner 及其合作者从文献[1]开始在一系列论文中对受热表面蒸发薄膜的流动进行了系统的实验和数值研究。暂且不提中间的一系列论文,而是着重研究最后一篇,即文献[2]。根据文献[1-2],液膜由以下 3 个区域组成(图 9.1):①分子厚度($10^{-10} < \delta_0 < 10^{-9}$,单位 nm)的吸附微膜,亦称纳米级液膜;②具有可变厚度 $\delta(x)$(液膜的弯液面)的蒸发液膜;③厚度为 δ_l 的宏观液膜。

在区域 1 中,Van der Waals 力在固体边界一侧的分散效应占主导地位,这些力阻碍了蒸发。在区域 2 中,蒸发强度随着薄膜变厚和分散力变弱而增加。在区域 3 中,由于液膜的热电阻率 δ/k 增加,蒸发强度再次降低。因此,蒸发液膜从受热表面的主要吸热区域为弯液面区域($\delta_0 < \delta < \delta_l$)。

文献[3-4]对润湿热管沟槽的薄液膜热流体力学进行了理论研究,将文献[1-2]的理论研究扩展到一个重要的应用领域。总之,文献[3-4]的结果得

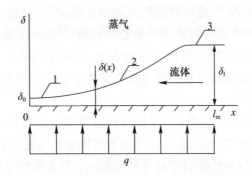

图 9.1 蒸发膜弯液面内的流体流动情况
1—吸附的微液膜；2—可变厚度的蒸发膜（及液膜弯液面）；3—宏观液膜。

到了数值研究[5-6]的支持。在文献[7-9]中对圆形毛细管中弯液面的蒸发问题进行了数值模拟。Van Den Akker 等[10]利用分子动力学方法研究了这一问题。文献[11-12]（另见文献[13]）提出了核态沸腾传热的物理模型，该模型考虑到了受热面"干燥路径"附近强大的热沉作用。文献[11-12]的模型是基于对干燥路径边缘三相接触区域蒸发弯液面的热流体力学特性的分析建立的。结果表明，尽管干燥区面积较小，但它们在核态沸腾总热平衡中起到了相当重要的作用（甚至在高压区起决定性作用）。文献[11-13]中的模型通过外推到高压区，补充了 Labuntsov 的核态沸腾经典理论[14]。这是一种积分型方法：它综合考虑耦合各种效应的总贡献来计算平均传热（大蒸汽团下薄膜的振荡、干燥路径附近的流动、表面成核点等）。

文献[15-17]中解决核态沸腾问题的局部方法是文献[11-13]的替代方法，它基于受热面上单气泡生长下对蒸发弯液面的热流体力学特性分析。在文献[15]中提出了局部方法的主要假设是：气泡的生长完全由其附着的三相界面非定常区域的蒸发过程控制。以蒸发弯液面模型为基础，在文献[18]中对气泡生长问题进行了实验和数值研究，发现了三相边界的运动速度对表面局部传热的影响。

注意到，只有在相对较小的热流密度下，才能观察到从壁上相对稳定的成核位置处连续分离的垂直气泡链[13]。这正是单个气泡的状态，在这种状态下，人们通常会进行摄影记录，并获得有关蒸汽泡生长和分离动力学的实验信息。随着热流密度的增加，气泡开始合并，并转变成团聚状的蒸汽，这些团聚体从壁上生长和分离。目前的技术水平还不能做到结合多个因素来进行核态沸腾的直接数值模拟，这表明文献[15-18]的计算方案过于简单，只能在很小的热负荷下才可作为沸腾热流体动力学分析的基础。

薄膜中流动规律的研究激发了各种基于渐近性开展的非线性方程组解的分

析方法出现。Reynolds[19]通过对润滑流动的分析，首次研究了硬表面上薄层流动的理论。目前，流体动力润滑理论是数学物理[20]的一个独立分支，在薄膜流动模拟中有着广泛的应用。借助于渐近方法，该理论能够将 Navier–Stokes 方程简化为更简单的偏微分方程。这些方程保留了初始问题的主要物理规律，被认为是高度非线性的。

在本章中，将研究在受热表面上薄液膜蒸发弯液面的流体动力学。本章提出了一种近似解的方法，可以表明分子动力学现象对弯液面几何参数和硬壁散热强度的影响。这种方法依赖于对蒸发弯液面中真实流型的实质性简化。该方法的目的是得到描述三相界面薄膜流动的热流体动力学近似解析解。

蒸发膜弯液面内的流动如图 9.1 所示。x 轴负方向的液体流动是由相界面曲率梯度控制的压降引起的。液体随着弯液面中流动过程变薄而逐渐蒸发。假设这一过程的稳定性由构成液体侧面的宏观液膜来保证。弯液面内的流动逐渐变慢，并在吸附薄膜（纳米级液膜）的边界处终止（厚度 δ_0 处）。这一蒸发过程在 Van der Waals 力的作用下中止。

纳米尺度的薄膜是一个有趣的物理对象，它同时表现出黏性、分子间的相互作用以及分子间动力学效应。Van der Waals 首次对吸附薄膜中的现象进行了研究[21]，他将分子间作用力称为"内压"。Van der Waals 通过界面过渡层中液体性质的差异解释了内压的出现。在分子间力的理论[22]中，假设 Van der Waals 力是具有电磁性质的分子引力的长程力，还假设了在体系内内压受液体分子耦合的控制。在界面层中，这是由与液体相接触的分子的暴露叠加而成，导致纳米薄膜中出现压差。

9.1 蒸发弯液面

将蒸发弯液面中从宏观液膜指向吸附膜方向的流量与黏性力进行比较，后者受沿 x 轴的液相的压力梯度影响（图 9.1）。Wayner 和 Coccio[1] 首先证明，在界面上的恒定表面张力系数和恒定的气相压力下（$\sigma =$ 常数，$p_v =$ 常数），液膜中唯一的驱动力是相界面曲率 K，即

$$K = \frac{\mathrm{d}^2\delta/\mathrm{d}x^2}{[1+(\mathrm{d}\delta/\mathrm{d}x)^2]^{3/2}} \approx \mathrm{d}^2\delta/\mathrm{d}x^2 \tag{9.1}$$

式（9.1）中考虑了近似$(\mathrm{d}\delta/\mathrm{d}x)^2 \ll 1$对两相界面上的任何点都适用。相应地，弯液面中液体的蒸发导致相界面的曲率变化，而根据 Laplace 公式，该曲率梯度又反过来影响液体在薄膜变薄的方向上的运动，则

$$\frac{dp_l}{dx} = -\sigma \frac{dK}{dx} \approx -\sigma \frac{d^3\delta}{dx^3} \tag{9.2}$$

针对图 9.1 的方案,这意味着 $\frac{dK}{dx}<0$,也就是说,两相界面曲率沿 x 轴正方向减小。在薄层近似[20]中,弯液面的蒸发过程由运动方程描述:

$$\frac{1}{3}\frac{\sigma\delta^3}{v}\frac{d^3\delta}{dx^3} + \Gamma = 0 \tag{9.3}$$

以及热平衡方程:

$$\frac{d\Gamma}{dx} = \frac{q}{L} \tag{9.4}$$

热流密度 q 由固体表面传递到液膜,由于附加的薄膜热阻 δ/k 和动能热阻 $1/h_k$ 作用,其与温差 ΔT 有关,这一过程导致蒸发过程的不平衡:

$$q = \frac{\Delta T}{\delta/k + 1/h_k} \tag{9.5}$$

动能传热系数 h_k 是线性动力学理论的一个重要参数[23],定义为

$$h_k = \frac{2}{3}C^{\frac{1}{2}}\psi\frac{\rho_v L^{3/2}}{T_s} \tag{9.6}$$

式中:$C = \frac{L}{R_g T_s} \approx 10$;$L$ 为相变热;R_g 为气体常数;ρ_v 为气体密度。

$$\psi(\beta) = \frac{0.6\beta}{1 - 0.4\beta} \tag{9.7}$$

式(9.7)为蒸发 - 冷凝系数的函数,$\beta=1$ 时该函数值为 1,其函数图像如图 9.2 所示。

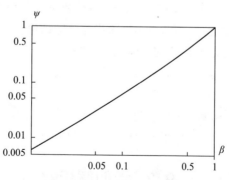

图 9.2　蒸发/冷凝系数的函数

在动力学理论的框架下,蒸发的质量通量表现为两种相反方向的分子通量

的不平衡：一种从两相界面发射，一种从蒸汽部分进入的。一般情况下，入射通量的一部分（数量上对应于 $\beta < 1$）在界面上被"捕获"，剩下的 $1-\beta$ 被反射。参数 β 为冷凝相表面和物理性质的平均特性[23]。

根据式(9.5)可知，固体表面散发的全部热流量用于使液体蒸发。式(9.3)两边同时对 x 积分，并将结果代入式(9.4)，则式(9.5)可得

$$\left(\frac{\delta}{k}+\frac{1}{h_k}\right)\left(\delta^3\frac{d^4\delta}{dx^4}+3\delta^2\frac{d^3\delta}{dx^3}\right)+3\frac{v\Delta T}{\sigma L}=0 \tag{9.8}$$

式(9.3)~式(9.8)中的 v,k 分别是流体的运动黏度和热导率。Γ 是弯液面中液体的质量通量（单位长度，垂直于图形的方向）。这个非线性四阶常微分方程式(9.8)没有解析解。

数值研究[7-9]揭示了蒸发弯液面非常有趣的温度-湿度特性。然而这些结果相互矛盾，不能给出完整的蒸发过程模式。

这里问题的困难之处似乎还不能由数值方法克服，而是具有更深层的物理原因。流体动力润滑理论[20]研究的是液体在已知几何形状固体之间薄间隙中的流动，这使得人们能够唯一地指定所需边界条件的数量。因此，解的过程通常涉及某些技术困难。然而，弯液面中的流动问题并不是那么显而易见。例如，严格来讲界面应在溶液（自由表面）的相应过程中确定，需要弯液面横截面上进行平均（薄层近似法[20]）。否则，在研究弯液面中的流动时，将只能借助于非线性-积分微分方程。大量的不确定性也来自弯液面本身与外部流动的耦合过程。

因此，从物理角度出发，很难为式(9.8)建立4个边界条件。在上述4项数值研究中，寻求一个具有下列边值条件的四阶方程式(9.8)（或更一般的方程组）的解：4个 $x=0$ 的边界条件[1-2,7]、2个 $x=0$ 的边界条件和2个 $x=1$ 的边界条件[8]、3个 $x=0$ 的边界条件和一个 $x=1$ 的边界条件。利用分子动力学方法对蒸发弯液面中的流动进行研究，也不能得出完整的结论[10]。上述论点说明对弯液面流体力学问题近似解析解的研究是正确的。

作者利用二阶方程的 Cauchy 问题（$x=0$ 的边界条件），提出了一种四阶方程边值问题随边值变化的求解方法[24]。基于此目的，在文献[2]中使用简化假设和合理的物理估计对初始方程的阶进行了降阶简化。在本章中，将继续文献[24]的研究，研究分子动力学对弯液面流体动力学的影响。

9.2 近似解析解

根据弯液面中流动的物理分析可知，弯液面中的蒸发强度随其厚度的减小

而减小,并在吸附的纳米尺度薄膜 $x=0$ 处停止(图9.1)。现在来探究一下这个点附近弯液面的特征。对 $x=0$,式(9.5)变为如下形式:

$$q_0 = \frac{\Delta T}{\delta_0/k + 1/h_k} \tag{9.9}$$

在式(9.4)中采用 $q=q_0$ 的近似,代入如下边界条件

$$x=0 : \Gamma = 0 \tag{9.10}$$

可得

$$\Gamma = -\frac{q_0}{L}x \tag{9.11}$$

由式(9.3)和式(9.11)得到

$$\delta^3 \frac{d^3\delta}{dx^3} = -3\varepsilon x \tag{9.12}$$

式中:$\varepsilon = q_0 v/\sigma L$ 表征 $x=0$ 处无量纲传热强度的参数。式(9.12)的一个显著特征是,当转换为无量纲坐标(即具有任意长度比例)时,其形式不变。为这个方程建立三个边值条件。第一个边值条件来自弯液面和微观液膜的耦合条件:

$$x=0 : \delta = \delta_0 \tag{9.13}$$

第二个边值条件是对这种耦合的平滑要求:

$$x=0 : \frac{d\delta}{dx} = 0 \tag{9.14}$$

第三个边值条件,采用弯液面变为宏观液膜时曲率退化的物理条件来研究:

$$x \to \infty : \frac{d^2\delta}{dx^2} \to 0 \tag{9.15}$$

假设 $\varepsilon \ll 1$,应使用小参数方法,将 $\varepsilon = 0$ 代入式(9.12)可得

$$\frac{d^3\delta}{dx^3} = 0, \frac{d^2\delta}{dx^2} = K_0, \frac{d\delta}{dx} = K_0 x$$

式中:K_0 为弯液面在 $x=0$ 处的曲率。

这使得到了接近 $x=0$ 处的弯液面曲线:

$$\delta = \delta_0 + \frac{3}{2}K_0 x^2 \tag{9.16}$$

将式(9.16)中的 δ 用式(9.12)左侧代替,得

$$\frac{d^3\delta}{dx^3} = -\frac{3\varepsilon x}{(\delta_0 + (K_0/2)x^2)^3} \tag{9.17}$$

将式(9.17)与式(9.15)的边值条件整合,得

$$\frac{d^2\delta}{dx^2} = \frac{6\varepsilon}{K_0(2\delta_0 + K_0 x^2)^2} \tag{9.18}$$

与第一次和零近似中 $x=0$ 处的曲率值相等,即

$$\left.\frac{d^2\delta}{dx^2}\right|_{x=0} = \frac{3}{2}\frac{\varepsilon}{K_0\delta_0^2} \approx K_0$$

这就得到了纳米级液膜厚度 δ_0,弯液面初始曲率 K_0 以及参数 ε 之间的近似关系:

$$K_0 = \left(\frac{3}{2}\varepsilon\right)^{1/2}\frac{1}{\delta_0} \tag{9.19}$$

引入无量纲符号:

$$\tilde{\delta} = \frac{\delta}{\delta_0}, \quad \tilde{x} = \kappa\frac{x}{\delta_0}, \quad \kappa \equiv \left(\frac{3\varepsilon}{8}\right)^{1/4}$$

以无量纲形式写出弯液面曲率的表达式,即

$$\frac{d^2\tilde{\delta}}{d\tilde{x}^2} = \frac{2}{(1+\tilde{x}^2)^2} \tag{9.20}$$

此时式(9.20)的边值条件式(9.13)和式(9.14)的形式为

$$\tilde{x} = 0: \quad \tilde{\delta} = 1, \quad \frac{d\tilde{\delta}}{d\tilde{x}} = 0 \tag{9.21}$$

将式(9.20)与边值条件式(9.21)依次积分,得出弯液面曲线的斜率有如下规律:

$$\frac{d\tilde{\delta}}{d\tilde{x}} = \frac{\tilde{x}}{1+\tilde{x}^2} + \arctan(\tilde{x}) \tag{9.22}$$

以及弯液面的曲线:

$$\tilde{\delta} = 1 + \tilde{x}\arctan(\tilde{x}) \tag{9.23}$$

式(9.20)、式(9.22)、式(9.23)构成蒸发弯液面的参数所需的解析解。图9.3所示为根据这些关系计算的曲线。因此,得到了下列宏观薄膜的渐近式:

$$\tilde{x} \to \infty: \quad \frac{d^2\tilde{\delta}}{d\tilde{x}^2} \approx \frac{1}{\tilde{x}^4} \to 0, \quad \frac{d\tilde{\delta}}{d\tilde{x}} \approx \frac{\pi}{2}, \quad \tilde{\delta} \approx \frac{\pi}{2}\tilde{x} \to \infty$$

从图9.3可以看出随着 $\tilde{x}$ 的增加($\tilde{x}>3$),弯液面曲率突然减小,其斜率假

设为常数,厚度按线性规律增长。现在更详细地写出式(9.23)在空间中的渐近性:

$$x \to 0 : \delta = \delta_0 + 0.245 \left(\frac{\beta}{1-0.4\beta} \frac{\rho_v L v \Delta T}{\sigma} \right)^{1/2} \frac{x^2}{\delta_0 R_g^{1/4} T_s^{3/4}} \quad (9.24)$$

$$x \to \infty : \quad \delta = \frac{\pi}{2} x \quad (9.25)$$

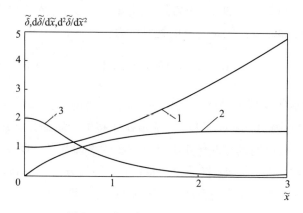

图 9.3　蒸发弯液面参数的解析解

1—$\tilde{\delta}$；2—$d\tilde{\delta}/d\tilde{x}$；3—$d^2\tilde{\delta}/d\tilde{x}^2$。

通过许多简化假设获得的式(9.23)不能像对参数特定区域进行的数值解[3-10]那样精确。同时,式(9.24)和式(9.25)证明了参数和热物性相当复杂的综合影响,原则上在数值解中这是无法实现的。与数值方法相比,解析法有许多优点。根据文献[25],这些优势如下。

(1) 分析方法的重要性在于能够对过程进行封闭的定性描述,以及检测一系列无量纲关键参数。

(2) 解析解是通用的。因此,通过改变边界条件,可以对广泛的问题进行参数分析。

(3) 验证初始精确方程的数值解依赖于简化方程的基本解析解,此类解析解可以通过计算分离项的物理值来得到。

9.3　纳米尺度液膜

Israelachvili[26]在多项研究中对作用在纳米级薄膜上表面力的结构进行了详细的实验和理论研究。关于化学物理学这一独立分支的论述可在文献[27]中找到。下面将使用基础研究[26-27]的一些结果。根据式(9.9)可知,热导率和分子动能热阻的相对贡献取决于无量纲参数 $B = \alpha_k\delta_0/k$。确定 B 需要一个额外的关系,即弯液面和吸附膜的耦合关系。为此,将利用力平衡的动态条件来控制弯液面中的流动。

如前所述,弯液面内的液体流动是由相界面的曲率梯度控制的。基于式(9.20)的计算显示,$\tilde{x} \geqslant 1$ 时曲率突然降低(图9-3中可以看出,当 $\tilde{x} = 3$ 时曲率小于初始值的2%)。所以,考虑到弯液面长度 $\tilde{l}_m \geqslant 3$,弯液面总压差 Δp_m 实际上等于弯液面和宏观液膜接合点的绝对压力:

$$\Delta p_m \approx p_0 = \sigma K_0 = \left(\frac{3}{2}\varepsilon\right)^{1/2}\frac{\sigma}{\delta_0}$$

非蒸发纳米薄膜受到 Van der Waals 力 $p_d \approx E_0/\delta_0^3$ [21] 的影响。其中 $E_0 \approx (10^{-22} \sim 10^{-21})$J,为 Hamaker 常数[22],它取决于接触介质的介电常数。Hamaker 常数对不同表面分子间的相互作用能具有重要的物理意义。现在分析弯液面和纳米薄膜的耦合条件。为此,将采用文献[28,29]的方法来分析薄膜对表面的非定常附着。使弯液面压力差和 Van der Waals 力相等,得 $p_0 \approx c_2 p_d$,最终得到

$$\frac{B^4}{1+B} = \frac{2}{3}\frac{Lh_k^3 E_0^2}{v\sigma k^4 \Delta T} \tag{9.26}$$

从中可以估计参数 B。对 $B \ll 1$ 的情形,从式(9.24)中可以得到

$$\delta_0 \approx c_1 E_0^{\frac{1}{2}} \left(\frac{2}{3}\frac{L}{h_k v\sigma\Delta T}\right)^{1/4} \tag{9.27}$$

文献[28-29]以及式(9.27)中的近似耦合方法体现为一个未知常数 c_1,它是通过与数值研究结果[7]的比较,在 $\beta = 1$ 饱和辛烷的蒸发弯液面条件下估算得到的。通过式(9.6)扩展 h_k,得到 $c_1 \approx 0.41$。考虑到这一点,将式(9.27)改写为

$$\delta_0 \approx 0.41 \frac{E_0^{\frac{1}{2}}}{(\psi\Delta T\rho_v v\sigma)^{\frac{1}{4}}}\left(\frac{T_s}{R_g}\right)^{1/8} \tag{9.28}$$

这同时简化了穿过微观液膜的热流密度方程式(9.9),即 $q_0 \approx h_k\Delta T$,式(9.12)右侧的参数 ε 定义为 $\varepsilon \approx h_k\Delta T v/\sigma L$。极限情况 $B \equiv \dfrac{h_k\delta_0}{k} \ll 1$ 的物理意义为纳米级液膜的热阻远小于动态热阻。值得指出的是,由分子动力学效应控制传热的情况在实际应用中非常少见。这再次体现了上述三相界面弯液面蒸发问题的独特性。

9.4 平均传热系数

对已知的弯液面曲线中使用式(9.23),可以得到从壁面传递而来的平均弯液面长度上热通量密度,从而得出平均热传递系数:$\langle h \rangle = h_k J / \tilde{l}_m$。这里 $\tilde{l}_m \equiv (3\varepsilon/8)^{1/4} x/\delta_0 = \kappa x/\delta_0$,$l$ 是弯液面的常规长度,$J = \int_0^{\tilde{l}} \dfrac{d\tilde{x}}{1+B(1+\tilde{x}\arctan(\tilde{x}))} \approx \int_0^{\tilde{l}} \dfrac{d\tilde{x}}{1+B\tilde{x}\arctan(\tilde{x})}$,被积函数的分母可以通过以下关系充分近似:$1+B(1+\tilde{x}\arctan(\tilde{x})) \approx 1 + B\tilde{x}\arctan(\tilde{x}) \approx 1+(\pi/2)B\tilde{x}^2$。计算该积分得到

$$\langle h \rangle \approx \frac{2}{\pi} \frac{k}{\delta_m} \ln\left(1 + \frac{\pi}{2} \frac{h_k \delta_m}{k}\right) \tag{9.29}$$

其中

$$\delta_m \approx \delta_0 + \kappa l_m \arctan\left(\frac{\kappa l_m}{\delta_0}\right) \tag{9.30}$$

式中:δ_m 为宏观液膜厚度:$\delta_m = \delta|_{x=l_m}$。

接下来找出 $\langle h \rangle$(h_k) 在 $\beta \to 0$ 时的渐近相关性。根据动能传热系数式(9.6)的定义可知,式(9.7)中有

$$\beta \to 0 \Rightarrow h_k \to 0 \Rightarrow \langle h \rangle \to h_k \tag{9.31}$$

从式(9.31)可以看出,对于异常小的蒸发/冷凝系数,不仅是局部($q_0 \approx h_k \Delta T$)而且包括整个弯液面长度上的平均传热强度($\langle q \rangle \approx h_k \Delta T$)都由分子动力学机制决定。式(9.28)~式(9.30)给出了弯液面的最小和最大厚度,以及通过弯液面的热通量。在通常情况下,宏观液膜的厚度比吸附膜的厚度高出几个量级(图9.1,$\delta_m \gg \delta_0$)。因此,根据式(9.30),可以得出弯液面的倾斜角,即

$$\left.\frac{d\delta}{dx}\right|_{x \to \infty} = \frac{\delta_m}{l_m} = \frac{\pi}{2}\kappa \approx 1.23\varepsilon^{1/4}$$

为了估计式(9.27)中对数的辅角,将其第二项写成如下形式:$\dfrac{h_k \delta_m}{k} = \dfrac{h_k \delta_0}{k} \dfrac{\delta_m}{\delta_0} = B \dfrac{\delta_m}{\delta_0}$。在通常情况下,不等式 $\delta_m/\delta_0 \gg 1$ 比不等式 $B \ll 1$ 和不等式 $h_k \delta_m/k \gg 1$

更具有决定性。鉴于此,式(9.29)可以改写为

$$\langle h \rangle \approx \frac{2}{\pi} \frac{k}{\delta_m} \ln\left(\frac{h_k \delta_m}{k}\right) \tag{9.32}$$

9.5 分子动力学效应

在不考虑宏观效应的情况下,可根据式(9.28)确定纳米级薄膜 δ_0 的厚度。然而,宏观液膜厚度 δ_m[式(9.30)]以及平均传热系数 $\langle h \rangle$[式(9.29)]取决于弯液面与外部流动的耦合条件。文献中考虑了这种耦合的以下外部对象。

(1) 液滴[10]。这一相当奇特的问题似乎只在文献[10]中得到了实现,该文献使用分子动力学方法进行了研究。

(2) 气泡的增长[17-18]。在这里,非定常效应和所采用的气泡生长模型发挥了相当大的作用。

(3) 圆形毛细管。轴向对称性和毛细管半径[7-8]的显著影响超出了近似方法的范围。

(4) 热管槽[3-6]。这种情况似乎最充分地反映了上述所考虑的二维问题。此外,上述环境因素的缺失,能够以纯粹的形式来研究这个问题。

在圆形毛细管(轴对称效应)和热管槽(二维问题)的情况下,弯液面与外部流动的耦合方案实际上是相同的(图9.4)。值得注意的是,这种涉及中间区域的耦合相当复杂。纯形式的分子动力学效应可以用平面几何来估计。为了找出 β 的可能变化范围,考虑了文献[30],该文献研究了分子动力学效应与气泡生长规律的关系。文献[30]是在一个独特的实验框架下进行的,研究了(制冷剂 R11/制冷剂 R113 - 沸腾)在平台上从 110m 高的塔上坠落的情况。利用文献[30]所获得的测量数据和分子动力学理论的现有关系,计算了蒸发/冷凝系数:$10^{-2} \leq \beta \leq 0.7(R11)$,$8.1 \times 10^{-3} \leq \beta \leq 1.0(R13)$。在文献[30]之后,认为其可能的变化范围是 $10^{-2} \leq \beta \leq 1.0$。

图9.5展示了在数值研究[4-6]中考虑的条件下,$\delta(x)$ 随 β 的变化关系。在 $\beta = 1$ 时该函数得到的结果与式(9.23)中的经验常数 $c_2 = 0.71$ 对应

$$\tilde{\delta} \approx 1 + 0.71 \tilde{x} \arctan(\tilde{x}) \tag{9.33}$$

图9.5表明,在宏观尺度上吸附膜基本上是不可见的。而弯液面的形状是一簇直线,即 $\delta \approx kx$,其中 $k = k(\beta)$。总的趋势是弯液面的倾角随蒸发-冷凝系数的增大而减小。此外,曲线1几乎与文献[4]中的相应曲线完全一致。

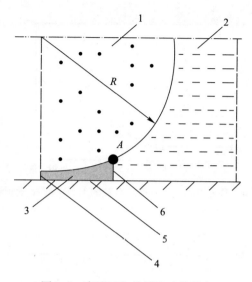

图 9.4 弯液面与外部流动的耦合

1—汽相；2—液相；3—弯液面；4—吸附膜；5—固体边界；6—宏观液膜。

文献[4,6]在相同条件下得到数值解的结果彼此相差约8%。这个量可以作为计算容许误差的度量。

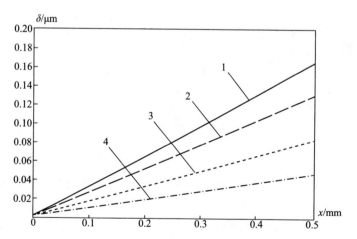

图 9.5 具有不同蒸发-冷凝系数的宏观弯液面形状

1—$\beta=1$；2—$\beta=0.5$；3—$\beta=0.1$；4—$\beta=0.01$。

图 9.6 所示为弯液面与纳米液膜耦合处的 $\delta(x)$。在这里，β 减少效应表现出两种相反趋势：倾斜角的减小和纳米液膜的增厚。因此曲线 $\delta(x)$ 必定相交。图 9-7 描述了在数值研究条件下纳米液膜厚度与 β 的关系[7]。当蒸发-冷凝系数下降两个数量级时，δ_0 大约增大到原来的 4 倍。

第 9 章 三相界面上的蒸发弯液面

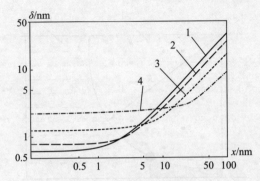

图 9.6 具有不同蒸发 - 冷凝系数的微观尺度弯液面形状
1—$\beta=1$；2—$\beta=0.5$；3—$\beta=0.1$；4—$\beta=0.01$。

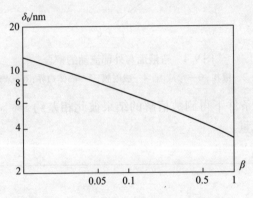

图 9.7 纳米液膜厚度随 β 的变化关系

9.6 小　　结

本章研究了在受热面上薄液膜蒸发弯液面的热流体力学问题，提出了一种近似求解方法，可以求出分子动力学效应对弯液面几何参数和传热强度的影响，该方法在很大程度上取决于二阶方程的 Cauchy 问题随四阶微分方程（描述弯液面的热流体动力学）边界问题的改变而变化。这个过程是通过引入简化假设和合理的物理估计来降低初始方程的阶数来实现的。利用一种分析固体表面液膜非定常吸附的方法，将弯液面与相邻的液膜耦合。蒸发弯液面参数的解析表达式则通过分析分子间作用力、毛细作用和黏性力的相互作用，以及分子动力学效应（最多两个经验常数）得到，后一种效应在很大程度上取决于蒸发冷凝系数。在研究相变条件下微观液膜流动的热流体动力学问题时，应考虑这一尚未探索的效应。

参考文献

1. Wayner PC Jr, Coccio CL (1971) Heat and mass transfer in the vicinity of the triple interline of a meniscus. AIChE J 17:569–575
2. Panchamgam SS, Chatterjee A, Plawsky JL, Wayner PC Jr (2008) Comprehensive experimental and theoretical study of fluid flow and heat transfer in a microscopic evaporating meniscus in a miniature heat exchanger. Int J Heat Mass Transfer 51:5368–5379
3. Stephan P (1992) Wärmedurchgang bei Verdampfung aus Kapillarrillen in Wärmerohren. Ph.D. thesis, Univdersität Stuttgart
4. Stephan P, Busse CA (1992) Analysis of the heat transfer coefficient of grooved heat pipe evaporator walls. Int J Heat Mass Transfer 35:383–391
5. Do KH, Kim SJ, Garimella SV (2008) A mathematical model for analyzing the thermal characteristics of a flat micro heat pipe with a grooved wick. Int J Heat Mass Transfer 51:4637–4650
6. Akkuş Y, Dursunkaya Z (2016) A new approach to thin film evaporation modeling. Int J Heat Mass Transfer 101:742–748
7. Wang H, Garimella SV, Murthy JY (2007) Characteristics of an evaporating thin film in a microchannel. Int J Heat Mass Transfer 50:3933–3942
8. Dhavaleswarapu HK, Murthy JY, Garimella SV (2012) Numerical investigation of an evaporating meniscus in a channel. Int J Heat Mass Transfer 55:915–924
9. Janeček V, Doumenc F, Guerrier B, Nikolayev VS (2015) Can hydrodynamic contact line paradox be solved by evaporation–condensation? J Colloid Interface Sci 460:329–338
10. Van Den Akker EAT, Frijns AJH, Kunkelmann C, Hilbers PAJ, Stephan PC, Van Steenhoven AA (2012) Molecular simulations of the microregion. Int J Thermal Sci 59:21–28
11. Yagov VV (1988a) Heat transfer with developed nucleate boiling of liquids. Therm Eng 2:65–70
12. Yagov VV (1988b) A physical model and calculation formula for critical heat fluxes with nucleate pool boiling of liquids. Therm Eng 6:333–339
13. Labuntsov DA, Yagov VV (2007) Mechanics of two-phase systems. Moscow power energetic univ. (Publ.). Moscow (In Russian)
14. Labuntsov DA (2000) Physical foundations of power engineering. Selected works, Moscow power energetic univ. (Publ.). Moscow (In Russian)
15. Stephan P, Hammer J (1994) A new model for nucleate boiling heat transfer. Wärme-und Stoffübertragung 30:119–125
16. Stephan P, Kern J (2004) Evaluation of heat and mass transfer phenomena in nucleate boiling. Int J Heat Fluid Flow 25:140–148
17. Kunkelmann C (2011) Numerical modeling and investigation of boiling phenomena. Ph.D. thesis. Technische Universität Darmstadt
18. Ibrahem K, Schweizer N, Herbert S, Stephan P, Gambaryan-Roisman P (2012) The effect of three-phase contact line speed on local evaporative heat transfer: experimental and numerical investigations. Int J Heat Mass Transf 55:1896–1904
19. Craster RV, Matar OK (2009) Dynamics and stability of thin liquid films. Rev Mod Phys 81:1131–1198
20. Loitsyanskii LG (1988) Mechanics of Liquids and Gases. Pergamon Press, Oxford
21. Parsegian A (2006) Van Der Waals forces: a handbook for biologists. Engineering and Physicists, Cambridge University Press, Chemists
22. Dzyaloshinskii IE, Lifshitz EM, Pitaevskii LP (1961) General theory of van der Waals' forces. Sov. Phys. Usp. 4:153–176 (In Russian)
23. Muratova TM, Labuntsov DA (1969) Kinetic analysis of the processes of evaporation and condensation. High Temp 7(5):959–967

24. Zudin YB (1993) The calculation of parameters of the evaporating meniscus of a thin liquid film. High Temp 31(5):777–779
25. Weigand B (2015) Analytical methods for heat transfer and fluid flow problems, 2nd edn. Berlin, Heidelberg, Springer-Verlag
26. Israelachvili JN (1992) Intermolecular and surface forces. Academic Press, London
27. Plawsky JL, Fedorov AG, Garimella SV, Ma HB, Maroo SC, Li C, Nam Y (2014) Nano-and microstructures for thin film evaporation—a review. Nano and Microscale Thermophys Eng 18:251–269
28. Iliev SD, Pesheva NC (2011) Dynamic Meniscus Profile Method for determination of the dynamic contact angle in the Wilhelmy geometry. Colloids Surf, A 385(1–3):144–151
29. Snoeijer JH, Andreotti B (2013) Moving contact lines: scales, regimes, and dynamical transitions. Annu Rev Fluid Mech 45:269–292
30. Picker G (1998) Nicht-Gleichgewichts-Effekte beim Wachsen und Kondensieren von Dampfblasen. Dissertation. Technische Universität München

第 10 章
类球态分子动力学效应

使用滴状射流冷却热表面在各种工程问题中都具有广泛的应用：电力系统，冶金，低温系统、航天和消防工程。由于缺乏对入射到表面射流整体现象的充分研究，该领域的进展受到了阻碍。射流冷却全过程主要研究的是高温动态液滴与表面的耦合。

液滴与高温硬质热表面的耦合问题由来已久。Leidenfrost（德国医生和神学家）于 1756 年写过一篇论文 *De Aquae Communis Nonnullis Qualitatibus Tractatus*[1]，这篇论文的片段在 1966 年公开发表。这份具有前瞻性的手稿出现在能量守恒定律和热的真正本质被揭开之前，甚至那时蒸发热的概念都还没有建立。Leidenfrost 最重要的成果就是发现了一个新的物理事实：在一定温度下，金属表面不再能被水和其他液体湿润。这也使他名留青史。

早在 1732 年，Boerhaave（荷兰人，医生、植物学家、化学家）提出：在热表面上溢出的酒精并没有"触及火焰"，而是形成了像水银一样的"明亮液滴"。然而正是由 Leidenfrost 深入研究了这一现象，该现象现在也以他的名字命名。从现代角度看，液滴和超过某一极限温度的过热硬质表面之间会出现一个蒸汽层，Leidenfrost 现象正是因此出现。一旦达到这个极限温度（Spinodal 温度[2]），根据热力学定律，液相的存在便不再可能出现。

1836 年，Boutigny 出版了一本专著[3]，其中详细研究了 Leidenfrost 现象。Boutigny 引入了"类球态"一词，并将它作为"物质的第四种状态"。Boutigny 的成就在于，他再次关注到了 Leidenfrost 现象，"类球态"一词也被证明非常成功，在科学界中被广泛使用。

类球态是液体的一种状态，如把水突然置于高温加热的金属表面上，水会在低于沸腾几度的温度下以球状滴或球状团的形式滚动，并且水并没有与加热面实际接触。这个现象是由热排斥力、水与加热面间不导热的蒸汽层以及水蒸发的冷却作用共同造成的。Gesechus[4]在1876年发表了题为《电流在类球状流体研究中的应用》的论文,并获得了物理学硕士学位。Kristensen(1888年)和其他人也对类球态进行了实验研究。Rosenberger在文献[5]中描写了这些实验,并可以得出以下结论。

(1) 一旦表面达到某个温度,类球状流体就开始停留在蒸汽层上。

(2) 蒸汽由于从热表面通过蒸汽层向类球体提供热能,导致其以恒定的导热系数从水滴中流出。

(3) 蒸汽层的厚度为 $l \approx 50 \sim 200 \mu m$,并随温度增加而增加。

(4) 较高的温度会导致不稳定性,液滴上升、移动、振荡,假设有时为星形,有时液滴与热表面偶发接触。

(5) 液体处于类球态时,最小热表面温度远高于沸腾温度。

在尽可能低的表面温度下,一部分的液体会被一层很薄的蒸汽层从表面分离开,这部分液体就处于类球态,这个温度就叫作"Leidenfrost 温度"。目前,已经进行了大量实验来测定 Leidenfrost 温度。特别注意了近期的文献[6-7],结果表明,测量结果在很大程度上取决于许多附加因素。例如,研究人员认为水的 Leidenfrost 温度广泛分布在 150~455℃ 之间。在文献[8]中研究了水滴在温度逐渐升高的光滑铝表面上的行为,Leidenfrost 温度被认定为 165℃,这对应于一个稳定蒸汽薄层的出现。文献[9]的作者通过考虑下降的水滴和射流来补充了这个研究。在文献[10]中也对 Leidenfrost 现象进行了实验研究。

10.1 分析中的假设

类球态是悬浮在蒸汽层上方液滴连续蒸发的特征现象。随着此过程发展,液滴容积减少,并且伴随着一系列连续的形式变化:一个液滴从大到小,直到完全汽化。然而,文献[6-10]的实验表明,低换热强度会导致液滴的蒸发过程变小。为了揭示该理论的原则性规定,引入以下假设。

(1) 考虑了热表面上固定液滴在重力作用下蒸发的过程为准稳态过程。

(2) 忽略了对液滴的热辐射。

(3) 忽略了液滴侧面和上面的蒸发。

(4) 将液滴看成一个半径为 R,高度为 H 的圆盘(图 10.1)。

(5) 假设液滴下的蒸汽层厚度为常数,并且与径向坐标无关。

(6) 假设蒸汽的热物理性质是均匀的,并且与蒸汽层的平均温度相对应。

考虑一个液滴的体积 $(4/3\pi R_0^3 = \pi R^2 H)$ 被厚度 l 的蒸汽层与热表面隔开,并

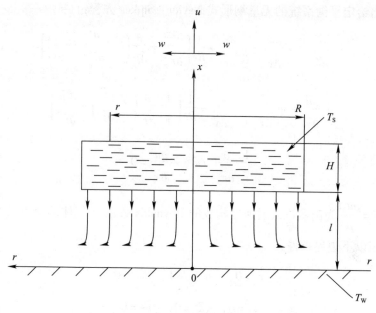

图 10.1 液滴蒸发体系

且蒸汽层的厚度由自身蒸汽保持平衡。其中，R_0 是与液滴相同体积球体的半径（液滴等效半径）。蒸汽层外边界（$r=R$）的压力 p_s 对应着饱和温度 T_s。考虑到大液滴满足 $R_0 \gg b$ 的条件，其中，$b = \sqrt{\dfrac{\sigma}{(\rho_1-\rho)g}}$ 为毛细管常数，σ 为表面张力，ρ_1 为液体密度，ρ 为气体密度，g 为重力加速度。根据文献[6]可以估算液滴圆盘的高度和半径，即

$$H = 2b, \quad R = \left(\frac{2}{3b}\right)^{1/2} R_0^{3/2} \tag{10.1}$$

10.2 流体力学特性

蒸汽层中的气体在两个平坦表面（热表面和液滴底部）间流动，是通过液滴底部连续质量的液体注入，随后蒸发而产生的（图 10.1）。分析的最终目的是评估蒸汽层中的压力场。设坐标系原点位于下表面中心，同时引入以下无量纲量：

$\tilde{x} = \dfrac{x}{l}$，$\tilde{r} = \dfrac{r}{l}$，$\tilde{u} = \dfrac{u}{u_0}$，$\tilde{w} = \dfrac{w}{u_0}$，$\tilde{p} = \dfrac{p}{\rho u_0^2}$。其中，$x$ 和 r 为轴向和径向坐标，u 和 w 为轴向和径向速度，l 为蒸汽层的厚度，u_0 为从液滴底部入射蒸汽层的蒸汽平均速度，p 为蒸汽层的内压力。

列出给定平衡系统的无量纲形式 Navier – Stokes 方程：

$$\tilde{w}\frac{\partial \tilde{w}}{\partial \tilde{r}} + \tilde{u}\frac{\partial \tilde{w}}{\partial \tilde{x}} = -\frac{\partial \tilde{p}}{\partial \tilde{r}} + \frac{1}{Re}\left[\frac{\partial^2 \tilde{w}}{\partial \tilde{r}^2} + \frac{\partial}{\partial \tilde{r}}\left(\frac{1}{\tilde{r}}\frac{\partial}{\partial \tilde{r}}(\tilde{r}\tilde{w})\right)\right] \quad (10.2)$$

$$\tilde{u}\frac{\partial \tilde{u}}{\partial \tilde{x}} + \tilde{w}\frac{\partial \tilde{u}}{\partial \tilde{r}} = -\frac{\partial \tilde{p}}{\partial \tilde{x}} + \frac{1}{Re}\left[\frac{1}{\tilde{r}}\frac{\partial}{\partial \tilde{r}}\left(\tilde{r}\frac{\partial \tilde{u}}{\partial \tilde{r}}\right) + \frac{\partial^2 \tilde{u}}{\partial \tilde{r}^2}\right] \quad (10.3)$$

$$\frac{1}{\tilde{r}}\frac{\partial}{\partial \tilde{r}}(\tilde{r}\tilde{w}) + \frac{\partial \tilde{u}}{\partial \tilde{x}} = 0 \quad (10.4)$$

式中：$Re = \dfrac{\rho u_0 l}{\mu}$ 为由蒸汽入射速度构成的 Reynolds 数；μ 为气体的动力黏度。

设定以下边界条件：

$$\tilde{x} = 0, \quad \tilde{u} = -1, \quad \tilde{w} = 0 \quad (10.5)$$

$$\tilde{x} = 0, \quad \tilde{u} = 0, \quad \tilde{w} = 0 \quad (10.6)$$

接下来寻找方程组式(10.2)~式(10.4)的自相似解。方程的主要特性体现为蒸汽层中的轴向速度只与轴向坐标有关：$\tilde{u} = \tilde{u}(\tilde{x})$。通过式(10.3)径向速度可以表示为

$$\tilde{w} = -\frac{1}{2}\tilde{r}\tilde{u}' \quad (10.7)$$

式中：上角标符号表示 $\tilde{x}$ 的导数，将 $\tilde{u}$，$\tilde{w}$ 代入式(10.2)和式(10.3)中，得到

$$\frac{1}{2}(\tilde{u}')^2 - \tilde{u}\tilde{u}'' + \frac{1}{Re}\tilde{u}''' = -\frac{\tilde{r}}{2}\frac{\partial \tilde{p}}{\partial \tilde{r}} \quad (10.8)$$

$$\tilde{u}\tilde{u}' - \frac{1}{Re}\tilde{u}'' = -\frac{\partial \tilde{p}}{\partial \tilde{x}} \quad (10.9)$$

对式(10.8)的两边含 $\tilde{r}$ 项微分，得到 $\dfrac{\partial^2 \tilde{p}}{\partial \tilde{x} \partial \tilde{r}} = 0$。利用此式，将式(10.9)两边对 $\tilde{x}$ 微分，得到

$$-\tilde{u}\tilde{u}''' + \frac{1}{Re}\tilde{u}^{iv} = 0 \quad (10.10)$$

根据式(10.7)，边界条件式(10.5)和式(10.6)可以写为

$$\begin{cases} \tilde{x}=1, & \tilde{u}=-1, & \tilde{u}'=0 \\ \tilde{x}=0, & \tilde{u}=0, & \tilde{u}'=0 \end{cases} \qquad (10.11)$$

在有注入蒸汽垫的情况下,四阶非线性微分方程式(10.10)和4个边界条件式(10.11)确定了不可压缩流体在两个表面之间的平面蒸汽层中以恒定入射速度 V_0 通过上表面的流动。式(10.10)和式(10.11)表明流动特征仅取决于 Reynolds 数。在一般情况下,式(10.10)的解无法用初等函数表示。

考虑黏性流动的极限情况:$Re \to 0$。从小参数 $Re \ll 1$ 展开到第一项为止查找式(10.10)的解

$$\tilde{u} = \tilde{u}_0 + \tilde{u}_1 Re \qquad (10.12)$$

对 $\tilde{u}_0$ 的等式可以写作

$$\tilde{u}_0^{\mathrm{iv}} = 0 \qquad (10.13)$$

满足边界条件式(10.11)和式(10.13)的解的形式可表示为

$$\tilde{u}_1^{\mathrm{iv}} + 12(2\tilde{x}^2 - 3\tilde{x}^3) = 0 \qquad (10.14)$$

从式(10.10)、式(10.12)、式(10.14),可以得到下面关于 $\tilde{u}_1$ 的式子

$$\tilde{u}_1^{\mathrm{iv}} + 12(2\tilde{x}^2 - 3\tilde{x}^3) = 0 \qquad (10.15)$$

式(10.15)的边界条件如下:

$$\begin{cases} \tilde{x}=1, & \tilde{u}=\tilde{u}'=0 \\ \tilde{x}=0, & \tilde{u}=\tilde{u}'=0 \end{cases} \qquad (10.16)$$

满足边界条件式(10.16)和式(10.15)的解写作

$$\tilde{u}_1 = -\frac{13}{70}\tilde{x}^2 + \frac{9}{35}\tilde{x}^3 - \frac{1}{10}\tilde{x}^6 + \frac{1}{35}\tilde{x}^7 \qquad (10.17)$$

将式(10.14)和式(10.17)带入式(10.12),得到当 $Re \ll 1$ 时的轴向速度,即

$$\tilde{u} = -2\tilde{x}^2 + 3\tilde{x}^3 + \left(-\frac{13}{70}\tilde{x}^2 + \frac{9}{35}\tilde{x}^3 - \frac{1}{10}\tilde{x}^6 + \frac{1}{35}\tilde{x}^7\right)Re \qquad (10.18)$$

联立式(10.6)和式(10.17),得到 $Re \ll 1$ 时的径向速度

$$\tilde{w} = \tilde{r}\tilde{x}\left[3(1-\tilde{x}) + \left(-\frac{13}{35} + \frac{27}{35}\tilde{x} - \frac{3}{5}\tilde{x}^4 + \frac{1}{5}\tilde{x}^5\right)Re\right] \qquad (10.19)$$

将式(10.8)和式(10.9)进行积分,联立式(10.18),得出当 $Re \ll 1$ 时蒸气层中的压力场为

$$\tilde{p}(\tilde{x},\tilde{r}) = \tilde{p}_0 + (-3\tilde{r}^2 - 6\tilde{x} + 6\tilde{x}^2)Re^{-1} - \frac{27}{70}\tilde{r}^2 - \frac{13}{35}\tilde{x} +$$

$$\frac{27}{35}\tilde{x}^2 - \frac{9}{2}\tilde{x}^4 + \frac{27}{5}\tilde{x}^5 - \frac{9}{5}\tilde{x}^6 \qquad (10.20)$$

此处 $\tilde{p}_0 = \tilde{p}(0,0)$ 是在原点 $\tilde{x} = 0$,$\tilde{r} = 0$ 处的无量纲压力。从式(10.20)中得出蒸汽层($\tilde{x} = 1$)上表面处压力分布为

$$\tilde{p}(1,\tilde{r}) = \tilde{p}_0 - \frac{3}{Re}\left(1 + \frac{9}{70}Re\right)\tilde{r}^2 - \frac{1}{2} \qquad (10.21)$$

使 $Re \rightarrow 0$,得到黏性流动极限情况:

$$\tilde{p}(1,\tilde{r}) = \tilde{p}_0 - \frac{3}{Re}\tilde{r}^2 \qquad (10.22)$$

10.3 液滴的平衡状态

热能从热表面通过蒸汽膜传导并完全用于蒸发,即

$$q = \frac{k\Delta T}{l} \qquad (10.23)$$

式中:$\Delta T = T_w - T_s$ 为温差。

蒸汽的热平衡条件为

$$u_0 = \frac{q}{L\rho} \qquad (10.24)$$

式中:L 为相变热。

联立式(10.23)和式(10.24),蒸汽层中流动的 Reynolds 数写作

$$Re \equiv \frac{\rho u_0 l}{\mu} = \frac{k\Delta T}{L\mu} \qquad (10.25)$$

可以看出,式(10.21)右边圆括号中的第二项总是可以忽略不计。改变式(10.21)的维度命名并带入式(10.25),找到了液滴底部流体动压差的平均值

$$\Delta p_h = \langle p_h \rangle - p_s = 1.5 \frac{\mu k \Delta T R^2}{L\rho^\mu} \qquad (10.26)$$

在一般情况下,对于蒸发现象,应考虑蒸汽空间中 Knudsen 层形成的非平衡效应,Knudsen 层厚度为冷凝相表面附近分子的平均自由程。传统的统计平均定律得出的气体参数(温度、压力、密度、速度)失去了它们的宏观意义。因此在 Knudsen 层中,标准气体动力学描述不再适用。

蒸发的线性动力学理论最初由 Labuntsov 和 Muratova[11-12] 在论文中提出，他们的研究表明，相界面上蒸发的边界条件比平衡条件下所假设的要复杂得多。特别是 Knudsen 层内压力恒定并且等于 $p_{v\infty}$，因此冷凝相处于与蒸汽相同的压力下。这意味着相界面附近(Knudsen 层外)的实际蒸汽压力不等于饱和压力 p_{ws}，其对应于液体表面的温度：$p_{ws} = p_{ws}(T_s)$。动压差 $p_{ws} - p_{v\infty}$ 由下式决定：

$$\Delta \tilde{p} = -2\sqrt{\pi}\frac{1-0.4\beta}{\beta}\tilde{j} + 0.44|\tilde{q}| \tag{10.27}$$

式中：$\Delta \tilde{p} = (p_{ws} - p_{v\infty})/p_{ws}$；$\tilde{j} = j/\rho_{vs}U = U/v_s$；$\tilde{q} = q/p_{va}v_s$；$v_s = \sqrt{2R_g T_s}$ 为分子的热力学速度；j 和 q 分别为通过相界面的质量和热通量；β 为蒸发/冷凝系数。

根据线性理论和[11-12]，j 和 q 为正值时，表示流向气相的流动。在本问题中，热通量从蒸气指向液滴，而质量通量从液滴指向蒸气。考虑到这种情况，有 $\tilde{q} < 0$，$\tilde{j} > 0$(图 10.1)。因此，式(10.27)可以写成以下形式

$$\Delta \tilde{p} = -2\sqrt{\pi}\frac{1-0.4\beta}{\beta}\tilde{j} + 0.44|\tilde{q}| \tag{10.28}$$

改变维度名称并考虑式(10.23)和式(10.24)，式(10.28)可以写为

$$\Delta p_k = p_k - p_s = \frac{k\Delta T}{\sqrt{Ll}}f \tag{10.29}$$

其中

$$f = 0.313\sqrt{A} + \frac{1}{\sqrt{A}} - \frac{2.505}{\sqrt{A}\beta} \tag{10.30}$$

式中：p_k 为动力学压力；$A = L/R_g T_s$；R_g 为单独气体常数。从式(10.30)可见函数 f 在一般情况下为符号变量。

为了找到 β 的可能变化范围，参考了文献[13-15]，这些论文研究了分子动力学效应对气泡生长规律的影响。文献[13-15]基于一个独特的实验框架，使用一个110m高的塔上坠落平台来研究制冷剂-11/制冷剂-113 的沸腾情况。在文献[13-15]中利用获得的测量数据和分子动力学理论的现有关系来计算蒸发/冷凝系数：$10^{-2} \leq \beta \leq 0.7$(对于 R11)，$8.1 \times 10^{-3} \leq \beta \leq 1.0$(对于 R113)。根据文献[13-15]，考虑了设 $f = 0$ 时可能的变化范围 $10^{-2} \leq \beta \leq 1$，根据式(10.30)，得到蒸发-冷凝系数的极限值：

$$\beta_* = \frac{2.505}{1 + 0.313A} \tag{10.31}$$

下面列出所有可能的情况：

$$\begin{cases} \beta_* < \beta \leqslant 1: & \Delta p_k > 0 \\ \beta = \beta_*: & \Delta p_k = 0 \\ 0. \leqslant \beta < \beta_*: & \Delta p_k < 0 \end{cases} \quad (10.32)$$

因此,动压差的符号取决于 β 的值。使用热物理性质表可以近似计算 A 值对压力的依赖关系,然后用式(10.31)计算函数 $\beta_*(p)$。特别地,对压力范围在 $10^{-2} \leqslant p \leqslant 10^2$ 的水,得到以下近似值(误差不超过1%):

$$\beta_* = \frac{0.263(1 + 1.1p^{1/5} + 7.5 * 10^{-3}p^{6/5})}{1 + 0.115p^{1/5} + 7.82 * 10^{-4}p^{6/5}} \quad (10.33)$$

从图 10.2 可以看出,对于 $p = 10^2$ bar,有 $\beta_* \approx 1$。考虑到式(10.32),意味着不存在 $\Delta p_k > 0$ 的情况,也就是说,相对于液滴的动压可能只是一种"吸引"($\Delta p_k < 0$)。随着压力降低,β 出现并且范围单调增大,其中动压是又变成"排斥"的($\Delta p_k > 0$)。然而,当 $\beta < \beta_*$ 时又有了 $\Delta p_k < 0$。并且,从式(10.30)可见,对于任何压力,总是存在足够小的 β_* 值,使得排斥力动压域的存在。特别地,对于 $p = 10^{-2}$ bar,有 $\beta_* \approx 0.359$。

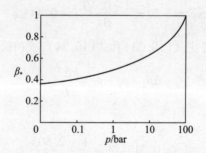

图 10.2 蒸发/冷凝系数极限值与计算出水的压力关系

考虑到半径 $R_0 = 5b$ 的圆盘状大液滴,分析的闭合关系即为液滴的平衡方程

$$\Delta p_h + \Delta p_k = \rho_1 gH \quad (10.34)$$

式中:ρ_1 为液体的密度。

从式(10.26)、式(10.29)、式(10.30)得到了将液滴和热表面分隔开的四阶蒸汽层厚度方程:

$$\tilde{l}^4 - A\tilde{l}^3 - B \quad (10.35)$$

式中:$\tilde{l} \equiv \dfrac{l}{b}$;$A = 0.5f \dfrac{k\Delta T}{\sigma L^{1/2}}$;$B = \dfrac{vk\Delta T}{L}\dfrac{(g\rho_1)^{1/2}}{\sigma^{3/2}}$。

值得指出的是,在标准方法下不考虑动压差。把 Δp_k 带入式(10.34),得到蒸汽薄膜的标准值:

$$l_* = 0.76\left(\dfrac{vk\Delta T}{\sigma L}\right)^{1/4} R_0^{3/4} \quad (10.36)$$

从图 10.3 可以看出,对于 $\beta = 1$ 时,由式(10.31)计算蒸汽膜的厚度超过了其标准值。这是动压的排斥特性造成的,动压随着压力增加而单调膨胀。结果表明,在此过程中,蒸汽薄膜的厚度会在一定程度上超过标准值,该标准值是根据式(10.36)不考虑非平衡效应计算得到的。随着 β 的减少,由于蒸发不平衡而引起的吸引效应越来越明显,这种效应随压力增加而增加。例如,$\beta = 0.01$,$p = 100$ 时,图 10.3(e)中蒸汽薄膜的厚度相对于标准值减少到 $\frac{1}{4}$。

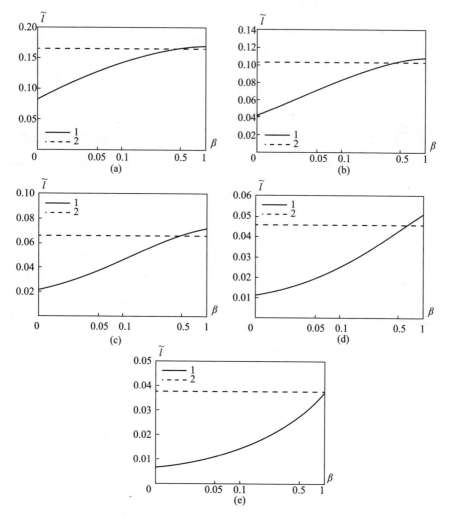

图 10.3　蒸汽薄膜厚度与蒸发/冷凝系数的关系,用于计算水的压力值

(a)$p = 0.01$bar;(b)$p = 0.1$bar;(c)$p = 1$bar;(d)$p = 10$bar;(e)$p = 100$bar。

1—由式(10.35)得到;2—标准值 $A = 0$。

图 10.4 描述了在 10^{-2} bar $\leqslant p \leqslant 10^2$ bar 压力范围内水的函数族 $l(\beta)$。

图 10.4 清楚地表明了非平衡影响随压力增加而增加的总趋势。值得注意的是,这种趋势并非微不足道。

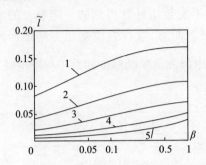

图 10.4 水的函数族 $l(\beta)$

1—$p=0.01\text{bar}$;2—$p=0.1\text{bar}$;3—$p=1\text{bar}$;4—$p=10\text{bar}$;5—$p=100\text{bar}$。

问题关键在于,根据蒸发的线性动力学理论[11-12],非平衡的热效应在低压,即低蒸汽密度表现出来。这一点可以通过考虑动力学传热系数 h_k 来表示,即

$$h_k = \frac{0.4\beta}{1-0.4\beta} \frac{\rho L^2}{R_g^{1/2} T_s^{3/2}} \tag{10.37}$$

从式(10.37)可以看出 ρ 的减小导致 h_k 的减小(即由于非平衡引起的动力学热阻率增加)。正因如此,应用分子动力学分析 Leidenfrost 现象将引向非常重要的定性和深刻的定量现象。

现在考虑一个假设情况,即蒸发-冷凝系数的值非常小。式(10.26)~式(10.29),将液滴平衡条件写成如 $\beta \to 0$ 的一般形式,即

$$1.5\frac{\mu k\Delta TR^2}{L\rho l^4} + \frac{k\Delta T}{\sqrt{L}l}f = \rho_1 gH \tag{10.38}$$

令 $\beta \to 0$,从式(10.30)得到

$$f \to -\frac{2.505}{\beta}\left(\frac{R_g T}{L}\right)^{1/2} \tag{10.39}$$

式(10.38)变为以下形式,即

$$1.5\frac{\mu k\Delta TR^2}{L\rho l^4} - \frac{2.505}{\beta}\frac{(R_g T)^{1/2}k\Delta T}{Ll} = \rho_1 gH \tag{10.40}$$

当 $\beta \to 0$ 时,式(10.40)右侧第二项(动能吸引项)无限增加,并且为了保证液滴平衡,第一项(流体动力排斥项)也无限增大。此外,式(10.40)右侧的静水压力是两个无限大量的微小差值,因此式(10.40)遵循以下关系:

$$1.5\frac{\mu k\Delta TR^2}{L\rho l^4}\approx\frac{2.505}{\beta}\frac{(R_gT)^{1/2}k\Delta T}{Ll} \qquad (10.41)$$

因此得到

$$l\approx 0.843\frac{v^{1/3}R^{2/3}}{(R_gT_s)^{1/6}}\beta^{1/3} \qquad (10.42)$$

从式(10.42)可以看出当$\beta\to 0$时蒸汽层的厚度不再取决于硬表面的过热度和液滴下落重量。从物理学观点来看,这种奇特的情况可以通过无限增加的动力吸引效应来解释。为了抵消这种影响,液滴应该在距离热表面很小的距离处下降,以便产生所需的排斥效果。这个距离确保了所需的下落平衡,与表面过热度和液滴下落高度无关。对于正在考虑的"大液滴"的情况,将使用$R_0=5b$。把式(10.42)表示为以下形式:

$$l=\frac{2.46}{(R_gT_s)^{1/6}}\left(\frac{\beta v\sigma}{g\rho_1}\right)^{1/3} \qquad (10.43)$$

10.4 小　　结

在通常采用的假设条件下,对悬浮在蒸汽层上液滴的蒸发问题进行了理论分析。在分析中,首次考虑了关于分子动力学效应对液滴平衡条件的影响。利用了众所周知的气体在两个平坦表面(高温硬表面和上部液滴底面)之间蒸汽层中的运动问题,计算了蒸汽膜中的流体动压差,这与蒸发的大量入射有关。利用蒸发线性动力学理论的结果,计算了由蒸发过程非平衡条件引起的动压差。结果表明,取决于蒸发/冷凝系数值的大小,相对于液滴的动压可具有排斥或吸引特性。在β大范围变化内,发现了蒸汽膜厚度的依赖关系,获得了当$\beta\to 0$时异乎寻常的渐近公式,并描述了排斥和吸引两个现象之间的平衡状态。

参考文献

1. Leidenfrost JG (1966) On the fixation of water in diverse fire. Int J Heat Mass Transf 9:1153–1166
2. Debenedetti PG (1996) Metastable Liquids: Concepts and Principles. Princeton University Press, Princeton
3. Boutigny PH (1857) Études sur les corps a l'État sphéroïdal. Nouvelle branche de physique, 3ª éd. Victor Masson, Paris
4. Gesechus N (1876) Electric current in the study of the spherodial state of liquids. St. Petersbourg (In Russian)
5. Rosenberger F (2007) Geschichte der Physik I. ThUL
6. Kruse C, Anderson T, Wilson C, Zuhlke C, Alexander D, Gogos G, Ndao S (2013) Extraordinary shift of the Leidenfrost temperature from multiscale micro/nanostructured surfaces. Langmuir 29:9798–9806

7. Quere D (2013) Leidenfrost dynamics. Annu Rev Fluid Mech 45:197–215
8. Bernardin JD, Mudawar I (2002) A cavity activation and bubble growth model of the Leidenfrost point (Trans). ASME. J Heat Transf 124:864–874
9. Bernardin JD, Mudawar I (2004) A Leidenfrost point model for impinging droplets and sprays (Trans). ASME. J Heat Transf 126:272–278
10. Biance A-L, Clanet C, Quér D (2003) Leidenfrost drops. Phys Fluids 5(6):1632–1637
11. Labuntsov DA (1967) An analysis of the processes of evaporation and condensation. High Temp 5(4):579–647
12. Muratova TM, Labuntsov DA (1969) Kinetic analysis of the processes of evaporation and condensation. High Temp 7(5):959–967
13. Picker G (1998) Nicht-Gleichgewichts-Effekte beim Wachsen und Kondensieren von Dampfblasen. Dissertation, Technische Universität München
14. Winter J (1997) Kinetik des Blasenwachstums. Dissertation, Technische Universität München
15. Straub J (2001) Boiling heat transfer and bubble dynamics in microgravity. Adv Heat Transf 35:57–172

第 11 章
圆柱绕流(蒸汽冷凝)

固体表面上的蒸汽冷凝问题历来被认为是两相热流体动力学的经典问题。目前研究得最好的情况是垂直板上的稳态蒸汽冷凝[1-2],此时冷凝膜层流的流体动力学由重力(驱动力)和壁面黏性摩擦力的相互作用确定冷凝。1916 年 Nusselt[3-4]在基础研究中获得了这个问题的解析解。另一个重要的里程碑则是 Kutateladze[5]和 Labuntsov[6]的研究。在这些研究中,他们考虑了壁面的非等温性对液膜表面上传热和波形成的影响,并研究了液膜流动的湍流模式。

当蒸汽与薄膜同时运动时,会出现一个新的驱动力,即界面表面上的切向应力,由于蒸汽和液相速率的差异(纯摩擦效应)导致薄膜加速。蒸汽冷凝条件下的质量流动导致了蒸汽边界层中速率梯度的增加(吸力效应);反过来,它会导致界面摩擦的增强。Kholpanov 和 Shkadov[7]研究了垂直壁上同向和逆向相位运动条件下的蒸汽冷凝,同时详细考虑了冷凝膜表面上的波形成、毛细管力对冷凝膜的影响,以及湍流模式下的影响。

目前在水平圆柱体上横向流动时蒸汽冷凝的情况(图 11.1)研究较少,只有少数计算理论研究致力于这一领域[8-10]。它们的共同特征是,除了壁面上的重力和摩擦力之外,在流动薄膜的力平衡中还选择性地考虑了某些额外的驱动因素。与此同时,其他实质性因素也没有被考虑进去,因为它们往往没有明确的物理学依据。因此,文献[8]开创性地研究了在计算界面边界上的切向应力时,只考虑与横向质量流量(吸力摩擦)相关的分量。然而,界面理论[11]是一类渐近情况,只有在通过可渗透表面的高质量吸力下才能实现。

在文献[8-9]的分析中,作者忽略了沿圆柱圆周的压力变化。然而,这些变化总是发生在绕圆柱体周围的横向流动[11]中。在文献[10]中首先考虑了压力梯度的影响,然而,正如在文献[8]中所述,界面边界处的切向应力是基于吸

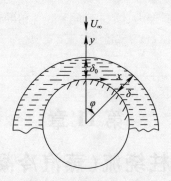

图 11.1 蒸汽冷凝方案

力摩擦确定的。因此,计算和理论研究[8-10]有一个共同的方法:在考虑了相当严格假设的基础上进行数值研究,这些假设消除了某些特定因素的影响。因此,最终构建的解析近似[8-10]从一开始就是不完整的,而文献[12]中提出的经验公式也不是一个合理的解决方案,因为它们只适用于实验覆盖一定范围内的参数。

应该注意到文献[13]中所讨论的研究是在其完整的数学公式中进行的。得出了液膜的连续方程、动量和能量方程以及界面蒸汽层的连续方程和动量方程。在界面边界设定了连续性条件:接触相的切向速度和切向应力相等。不幸的是,Gaddis[13]仅用了有限参数范围的单个表格来说明他的数值计算结果,他对计算数据既没有进行物理泛化也没有进行解析近似,这使得文献[13]的结果很难被利用。

如上所述,可以说,迄今为止得到的绕水平圆柱体流动蒸汽冷凝问题的部分数值解对这一复杂过程的物理现象几乎没有任何启发。因此,在假定其余参数不受影响的情况下,采用了对问题渐近变量进行序次分析的方法,每次只控制一个参数,而对于这些渐近变式中的每一个问题都可以得到严格的解析解。然后,通过考虑对过程有影响的附加因素,可以逐步推得极限换热定律复杂化形式。

11.1 极限换热定律

如文献[8-10]所述,冷凝膜的厚度总是远低于圆柱直径($\delta \ll D$),而界面上的流体速度远低于入射流速 $u_\delta \ll U_\infty$。这意味着流体薄膜几乎不受蒸汽流体动力学影响。因此,界面摩擦几乎等于表面摩擦,其表现为气体(蒸汽)在具有可渗透表面的实心圆柱体周围流动,排出的蒸汽质量由冷凝过程的强度控制。

在边界层模型[11]的框架内,圆柱表面附近气相的切向速度 U 分布由理想流体的势流关系 $U = 2U_\infty \sin(\varphi)$ 来描述,压力变化为

$$p = p_0 - 2\rho_v U_\infty^2 \sin^2(\varphi) \tag{11.1}$$

式中:p_0 为任何临界点的压力值(图 11.1)。

液相中的层流可以用冲量平衡方程来描述 $\mu d^2 u/dy^2 + \rho g \sin(\varphi) + dp/dx =$ 边界条件 $y = 0: u = 0; y = \delta: \mu du/dy = \tau_\delta$。这里,$g$ 为重力加速度;u 为薄膜中的流体速度;x 和 y 分别为纵坐标和横坐标;$\varphi = 2x/D$ 为从临界点算起的角坐标(图 11.1);D 为圆柱直径;τ_δ 为界面边界处的切向应力;ρ 和 ρ_v 分别为流体和蒸汽密度;μ 为流体的动力黏度。

从式(11.1)可得

$$\frac{dp}{dx} = -4\frac{\rho_v U_\infty^2}{D}\sin(2\varphi)$$

对冲量平衡方程积分,得到了流体(圆柱每单位长度)比体积流量 j 的表达式[2,10]

$$j = \frac{1}{3}\frac{g\delta^3}{v}\sin(\varphi) + \frac{4}{3}\frac{\rho_v U_\infty^2 \delta^3}{\mu D}\sin(2\varphi) + \frac{1}{2}\frac{\tau_\delta \delta^2}{\mu} \tag{11.2}$$

式中:δ 为膜厚度;v 为流体的运动黏度。

式(11.2)的右半部分涉及了确保流体薄膜流动黏性力的驱动力:第一项是重力,第二项是受圆柱体圆周静压变化影响的力(为简洁起见,称为压力),第三项是界面摩擦力。

层流流体膜的传热是通过热传导进行的。因此,在饱和蒸汽中没有温度梯度的情况下,传热系数将由关系 $h = k/\delta$ 确定,其中 k 是流体的导热系数。因此,局部 Nusselt 数如下:

$$Nu(\varphi) \equiv \frac{h(\varphi)D}{k} = \frac{D}{\delta(\varphi)} \tag{11.3}$$

式(11.3)可以用来计算

$$\langle Nu \rangle \equiv \frac{\langle h \rangle D}{k} = \frac{D}{\pi}\int_0^{\varphi*}\frac{d\varphi}{\delta(\varphi)} \tag{11.4}$$

式中:$0 \leqslant \varphi_* \leqslant \pi$ 是积分的极限(φ 值以弧度计)。

考虑到式(11.3),液相的热平衡方程式可以写为

$$\frac{dj}{d\varphi} = \frac{1}{2}\frac{Dk\Delta T}{\delta \rho L} \tag{11.5}$$

式中:L 为相变热;ΔT 为热表面与蒸汽间温差。

基于式(11.2)~式(11.5)可以进行极限换热定律的分析,要做到这一点,只需要在式(11.2)的右边部分考虑一个驱动力。

11.2 滞止蒸汽的渐近性

当薄膜受重力作用向下流动时,对壁面上的黏性力做功,流体的(每单位圆柱体的长度)比体积流量可以用下式表示:

$$j = \frac{1}{3}\frac{g\delta^3}{v}\sin(\varphi) \tag{11.6}$$

从式(11.5)和式(11.6)可以得到薄膜的厚度方程:

$$\frac{\mathrm{d}(\delta^4)}{\mathrm{d}\varphi} + \frac{4}{3}\cot(\varphi)\delta^4 = 2\frac{vk\Delta TD}{\rho gL}\frac{1}{\sin(\varphi)}$$

其解为

$$\left(\frac{\delta}{D}\right)^4 = 2\frac{\mu k\Delta T}{\rho^2 gLD^3}\frac{\int_0^\varphi \sin^{1/3}(\varphi)\mathrm{d}\varphi}{\sin^{4/3}(\varphi)} \tag{11.7}$$

从式(11.7)中可以看出,在 $\varphi=0$ 时,薄膜具有有限的厚度 $\delta_0>0$,这与在平板上的冷凝情况不同,平板上冷凝时薄膜的初始厚度等于零 $\delta_0\equiv 0$[1-4]。因此,S 值单调增加并且指向无穷大时 $\varphi\equiv\varphi_* =\pi$。在式(11.4)的积分中利用式(11.7)得到了经典的 Nusselt 数的解[3-4]:

$$\langle Nu_g\rangle \equiv \frac{\langle h_g\rangle D}{k} = 0.728\left(\frac{D^3\rho^2 gL}{k\mu\Delta T}\right)^{1/4} \tag{11.8}$$

注意到根据式(11.3)和式(11.7),临界点的 Nusselt 数的表达式出现在式(11.8)中,但数值常数值会增大 1.24 倍。

11.3 压力渐近

由式(11.2)可知,在 $\varphi=\pi/2$ 时,受圆周上压力变化影响的符号改变,由加速变为减速。出现的正压力梯度(在蒸汽流量 $\rho_v U_\infty^2$ 动态压力值相当高的情况下)可能导致液膜甚至在达到圆柱体的后方临界点 $\varphi=\pi$ 之前就完全停止("溢流")。

这里考虑只有压力保留在式(11.2)中的边界条件:

$$j = \frac{4}{3}\frac{\rho_v U_\infty^2 \delta^3}{\mu D}\sin(2\varphi) \tag{11.9}$$

将式(11.9)代入式(11.5),得到下面的薄膜厚度方程式:

$$\frac{d(\delta^4)}{d\varphi} + \frac{8}{3}\cot(2\varphi)\delta^4 = \frac{1}{2}\frac{vk\Delta T D^2}{\rho_v L U_\infty^2}\frac{1}{\sin(2\varphi)}$$

其解为

$$\left(\frac{\delta}{D}\right)^4 = \frac{1}{2}\frac{1}{Re^2}\frac{k\Delta T}{\rho_v vL}\frac{\int_0^\varphi \sin^{1/3}(2\varphi)d\varphi}{\sin^{4/3}(2\varphi)} \qquad (11.10)$$

这里,$Re = U_\infty D/v$ 是利用无穷远处的蒸汽流速 U_∞、流体的运动黏度 v 以及圆柱直径 D 构造的 Reynolds 数。如式(11.10)所示,由于此处的压力梯度变为零(溢流效应),中间部分的薄膜厚度指向无穷大。因此,由 $h = k/\delta$ 定义的传热系数 $\varphi = \varphi_* = \pi/2 = 0$。

假设后表面 $\pi/2 \leqslant \varphi \leqslant \pi$ 不参与热交换,由式(11.10)和式(11.4)得到了整个圆柱体表面的平均传热系数:

$$\langle Nu_p \rangle \equiv \frac{\langle h_p \rangle D}{k} = 0.612\sqrt{Re}\left(\frac{\rho_v vL}{k\Delta T}\right)^{1/4} \qquad (11.11)$$

根据式(11.4)和式(11.11),临界点的努塞尔数将比自身的平均值高2.48倍。文献[10]首次在考虑到纵向压力梯度的影响下对这种冷凝现象进行了数值研究。但是,Rose[10] 没有研究关于压力方面的渐近性,通过对数值结果的近似,最终的计算公式为

$$\langle Nu_p \rangle = 1.13\sqrt{Re}\left(\frac{\rho_v vL}{k\Delta T}\right)^{0.209}$$

在幂指数或数值常数方面,与正确的渐近性式(11.11)一致。

11.4 界面边界上的切向应力

当薄膜在界面边界处切向应力 τ_δ(作用于壁上的黏度力)的作用下流动时,流体的比体积流量式(11.2),得到以下形式:

$$j = \frac{1}{2}\frac{\tau_\delta \delta^2}{\mu} \qquad (11.12)$$

如前所述,可以采用 τ_δ 值作为在实心圆柱附近边界层中流动的单相问题解的良好近似。界面边界处蒸汽速度的法向分量将等于由相变决定的质量吸收率 "w"。就目前所知,还没能解决在圆柱表面有吸力边界层中流动的流体动力学问题。因此,分别考虑边界情况 $w \to \infty$(吸入摩擦)和 $w = 0$(纯摩擦)。然而,指

定的变体在严格意义上不是渐近的;它们是两个边界分支,具有相间摩擦的统一渐近性。

当 $w\to 0$ 时,界面边界处的切向应力将由通过边界 $\tau_\delta = 2\rho_v w U_\infty \sin(\phi)$ [11] 传递的脉冲流确定。通过从热平衡 $w = k\Delta T/\delta L \rho_v$ 确定蒸汽吸入速率,得到吸力摩擦的表达式:

$$\tau_\delta = 2\frac{k\Delta T U_\infty}{L\delta}\sin(\varphi) \tag{11.13}$$

把式(11.13)代入式(11.5)得到了薄膜厚度的等式,即

$$\left(\frac{\delta}{D}\right)^2 = \frac{1}{Re}\frac{1}{1+\cos(\varphi)} \tag{11.14}$$

如式(11.14)所示,在吸力摩擦的渐近线中,冷凝膜(类似于固定蒸汽的渐近线)覆盖整个圆柱体表面。对整个圆柱表面上 Nusselt 数进行平均,则

$$\langle Nu_s \rangle \equiv \frac{\langle h_s \rangle D}{k} = \frac{2\sqrt{2}}{\pi}\sqrt{Re} \tag{11.15}$$

根据式(11.4)和式(11.15),临界点的努塞尔数将超过平均数大约 $\pi/2 \approx 1.57$ 倍。可以注意到文献[8]中数值解的近似提供了吸力摩擦的渐近性 $\langle Nu_s \rangle \approx 0.905\sqrt{Re}$,其与精确解式(11.15)几乎一致(大约 0.9)。

现在考虑当吸入率小到可以忽略不计($w \ll U_\infty$)时纯摩擦的情况。薄膜中流体的流速仍将由式(11.12)确定,相间摩擦力由非渗透圆柱体附近层流的表面摩擦[11]计算:

$$\tau_\delta = \frac{\rho_v U_\infty^2}{\sqrt{Re_v}}f(\varphi) \tag{11.16}$$

在式(11.16)中,$Re_v = U_\infty D/v_v$ 是用无穷远处的蒸汽流速 U_∞、蒸汽的运动黏度 v_v、圆柱直径 D 所构造的 Reynolds 数;角坐标在 $\varphi \approx 1.02$ 取最大值,其函数为 $f(\varphi) = 4.93\varphi - 1.93\varphi^3 + 0.206\varphi^5 - 0.0129\varphi^7 + 0.304\times 10^{-4}\varphi^9 - 0.814\times 10^{-4}\varphi^{11}$,并在 $\varphi = \varphi_* \approx 1.9$ 变为零。它对应于边界层的分离角 $\approx 109°$,远高于在实验中获得的圆柱周围的气流角约 $85°$[14]。这种差异很可能是由稳定的层流边界层理论不足以描述分离规律导致。尽管如此,为了说明极限换热规律,将使用分离角的"经典"值约 $109°$。

从式(11.5)、式(11.9)、式(11.13)得到关于薄膜厚度的方程:

$$\frac{d(\delta^3)}{d\varphi} + \frac{3}{2}\frac{d(\ln f)}{d\varphi}\delta^3 = \frac{3}{2}\frac{D^3}{\sqrt{Re}}\left(\frac{\mu L}{k\Delta T}\sqrt{\frac{\mu_v \rho_v}{\mu\rho}}\right)^{1/3}\frac{1}{f}$$

其解可以写为

$$\left(\frac{\delta}{D}\right)^3 = \frac{3}{2} \frac{1}{Re^{3/2}} \frac{k\Delta T}{\mu L} \sqrt{\frac{\mu\rho}{\mu_v\rho_v}} \frac{\int_0^\varphi f^{1/2}\mathrm{d}\varphi}{f^{3/2}} \tag{11.17}$$

因为 $\varphi = \varphi_* \approx 109°$ 时摩擦力为零,在式(11.17)可以得到蒸汽流动分离点处 $\delta_* \to \infty$, $h_* = 0$,假设圆柱后侧 $\varphi_* \leq \varphi \leq \pi$ 没有热量传递,获得了整个表面上的平均 Nusselt 数,即

$$\langle Nu_f \rangle \equiv \frac{\langle h_f \rangle D}{k} = 0.793 \sqrt{Re} \left(\frac{\mu L}{k\Delta T} \sqrt{\frac{\mu_v\rho_v}{\mu\rho}}\right)^{1/3} \tag{11.18}$$

根据式(11.4)和式(11.18),临界点的 Nusselt 数将比平均值高 2.15 倍。在文献[9]中基于数值解的近似,给出了式(11.18)的渐近式;然而,这里使用的常量是 0.9。这种差异很可能是因为在文献[9]中使用的模型中,圆柱体周围的流动没有分离,而本书的解决方案考虑到了边界层分离的影响。遗憾的是,文献[9]的作者没有对这种与层流边界层理论[11]的结论相矛盾的情况做任何评论。

11.5 结果和讨论

在角坐标 $\varphi = \varphi_*$ 的某个边界值处,液体薄膜的厚度从 $\varphi = 0$ 处的 δ_0 单调增大到无穷大,这在上述考虑的所有边界情况中都是常见的(图 11.1)。因此,传热系数将从临界值处的最大值 $h = k/\delta_0$ 下降到零。图 11.2 所示为相对传热系数 $h(\varphi)/h_0$ 在角坐标上的分布。

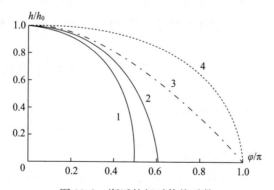

图 11.2 渐近的相对传热系数

1—压力;2—纯摩擦;3—吸力摩擦;4—引力。

(1)对于稳态蒸汽的情况,液体薄膜存在于整个圆柱表面上,并且 $\varphi_* = \pi$。
(2)在吸力摩擦渐近的情况下,没有分离的圆柱体流动也可以实现 $\varphi = \pi$,

然而,在圆周上的传热系数分布在这里的斜率更加平缓。

(3) 纯摩擦的边界情况由边界层中的外部流动控制;因此,在蒸汽分离点 $\varphi \approx 1.9$,传热系数变为零。

(4) 在压力梯度为驱动力的情况下,压力梯度在中间部分变为零会导致液膜溢流:在 $h = 0$ 时 $\varphi = \pi/2$。

因此,研究了所有 4 个极限定律:式(11.8)、式(11.11)、式(11.15) 和式(11.18)。由于在实际过程中,重力是一个持续的因素,因此引入相对换热定律 $\psi = \langle h \rangle / \langle h_g \rangle$ 是合理的,其中 $\langle h_g \rangle$ 是将式(11.8)用于稳定蒸汽而确定的。然后,由上述极限定律得到下式:

压力渐近,下角标 p(压力),即

$$\psi_p \equiv \frac{\langle h_p \rangle}{\langle h_g \rangle} = 0.841 \left(\frac{\rho_v U_\infty^2}{\rho g D} \right)^{1/4} \tag{11.19}$$

吸力摩擦渐近,下角标 S(吸力),即

$$\psi_s \equiv \frac{\langle h_s \rangle}{\langle h_g \rangle} = 1.236 \left(\frac{U_\infty^2}{gD} \frac{k\Delta T}{\mu L} \right)^{1/4} \tag{11.20}$$

纯摩擦渐近,下角标 f(摩擦力),即

$$\psi_f \equiv \frac{\langle h_f \rangle}{\langle h_g \rangle} = 1.09 \left(\frac{U_\infty^2}{gD} \right)^{1/4} \left(\frac{\mu L}{k\Delta T} \right)^{1/12} \left(\frac{\mu_v \rho_v}{\mu \rho} \right)^{1/6} \tag{11.21}$$

由式(11.19)~式(11.21)确定的相对换热定律可用于比较估计各种因素对冷凝传热的影响。注意,尽管这个问题具有重大的实际意义和漫长的研究周期,但迄今为止,关于水蒸气在水平圆柱周围水平流动时的冷凝[12,16-17],R21[2] 和 R113[17]冷凝的实验数据相对较少。表 11.1 列出了模态参数对应的变化范围和计算值 ψ。

在实际应用中,圆柱体表面上的冷凝过程被广泛应用,并且是热电厂和核电厂设备的热流体动力学的重要组成部分,包括用于汽轮机的冷凝机组、用于海水淡化厂的冷凝机组、核电站和火电厂汽轮机的高压加热器。表 11.2 列出了特定应用的蒸汽参数特征范围。从表 11.1 和表 11.2 中可以清楚地看出,所进行的实验研究远没有完全覆盖高速和高压的范围,而这在实际应用中却非常重要。因此,对于水蒸气系统,所有实验数据都是针对压力 $p \leqslant 1$bar 得到的,而实际运行中的压力范围可以扩大至 $p \approx 80$bar。在研究 R21 蒸汽的冷凝时,在文献[2]中进行了相对较高压力($p \approx 5.2$bar)的研究。当计算水的条件(考虑热力学临界点的压力)时,这些实验数据对应于压力 $p \approx 220$bar。对表 11.1 和表 11.2 的分析表明,与稳态蒸汽的情况相比,换热的强化可能高达 8 倍。

表11.1 水平圆柱表面蒸汽冷凝换热实验研究的参数范围

作者	介质	压力 p/bar	蒸汽流速 U_∞/(m/s)	圆柱直径 D/mm	ψ_s	ψ_f	ψ_p
Berman 和 Tumanov[12]	水蒸气	0.032~0.48	1~12	19	0.3~2.6	0.22~0.64	0.089~0.77
Fujii 等[9]	水蒸气	0.026	22~73	14	1.2~2.6	1.2~2.3	0.44~0.77
Michael 等[16]	水蒸气	1.0	5~81	14	1.3~7.4	0.93~4.3	0.48~2.0
Lee 和 Rose[17]	水蒸气	0.05~1.0	0.3~26	12.5;25	0.33~1.9	0.15~2.1	0.05~0.53
Lee 和 Rose[17]	R_113	0.4~1.05	0.3~26	12.5	1.0~1.4	0.27~1.3	0.19~0.77
Honda 等[18]	R_113	1.0~1.2	1~16	8;19	0.39~4.0	0.47~3.0	0.33~1.8
Gogonin 等[2]	R_21	3~5.2	1~5	2.5;16	0.53~2.8	0.75~2.4	0.51~1.3

表11.2 热电厂和核电厂冷凝机组中蒸汽参数的特征范围

仪器	介质	压力 p/bar	蒸汽流速 U_∞/(m/s)	圆柱直径 D/mm	ψ_s	ψ_f	ψ_p
汽轮机冷凝器	水蒸气	0.03~0.5	1~100	≈25	0.3~8.4	0.2~3.8	0.08~1.6
海水淡化厂冷凝器	水蒸气	0.3~1	≈10	≈25	1.2~3	1~1.4	0.45~0.6
热电站和核电站的加热器	水蒸气	10~80	10~70	≈25	1.6~16	1.3~5.9	0.83~4.9

对于实际应用而言，在重要参数范围内缺少实验数据，会导致在编写计算程序时出现相当大的困难。在固定的压力下，蒸汽和液相的热物理性质几乎保持不变；在实验中可以改变两个主要模态参数：入射流速度 U_∞ 和壁面蒸汽温差 ΔT。从式(11.11)、式(11.15)、式(11.18)可以看出，对于运动的蒸汽，这3个极限定律都具有形式 $\langle Nu \rangle \sim \sqrt{Re}$。

压力渐近式(11.11)中温差对传热的影响与稳态蒸汽 $\langle h_p \rangle \sim \langle h_g \rangle \sim \Delta T^{-1/4}$ 的情况相同。在纯摩擦的边界条件式(11.18)下，传热系数也随着温度差 $\langle h_f \rangle \sim \Delta T^{-1/3}$ 增大而减小。吸力摩擦的渐近式(11.15)特性完全依赖于纯流体

动力学关系，关系式为$\langle h_s \rangle \sim \sqrt{U_\infty}$，其在恒定速度和压力值下不包括$\Delta T$：$\langle h_s \rangle = \mathrm{idem}$。因此，可以预料到，在高速度和低温差的情况下$(\psi_f \gg \psi_s)$，纯摩擦力的影响是主要的，而吸力摩擦的影响则在高温差下$(\psi_s \gg \psi_f)$占主导地位。这个假设通过R21蒸汽在圆柱体直径2.5mm和速度$U_\infty = (2.9 \sim 3.8)\mathrm{m/s}$条件下冷凝得到的实验数据[2]证实。

如图11.3和图11.4所示，对于小ΔT区域，纯摩擦渐近线$\langle h \rangle \approx \langle h_f \rangle$可以很好地描述实验点。随着温差的增加，实验曲线$\langle h \rangle(\Delta T)$逐渐下降到水平，可以用吸力渐近线$\langle h \rangle = \langle h_s \rangle$描述。如图11.3和图11.4所示，在研究条件下，由于速度因子的影响，换热的强化是$\psi \approx 2.5$。从物理意义来看，这意味着在这种情况下，重力和摩擦因子同时受到影响，每一个因子的贡献大约是相同数量级。可以注意到，表11.1和表11.2显示了模态参数值ψ_f和ψ_s在大范围内变化的具有可比较的定量影响。因此，图11.3和图11.4[2]所示的实验数据在一定程度上是唯一的，它们由相应的渐近定律明确描述。

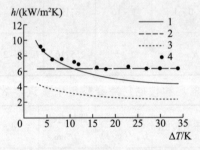

图11.3　R21在$D = 2.5\mathrm{mm}, p = 5.2\mathrm{bar}, U_\infty = 2.9\mathrm{m/s}$时的冷凝换热

·—实验数据[2]。边界换热定律：1—稳态蒸汽；2—纯摩擦；3—吸力摩擦。

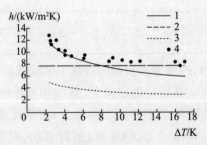

图11.4　R21在$D = 2.5\mathrm{mm}, p = 3\mathrm{bar}, U_\infty = 3.8\mathrm{m/s}$时的冷凝换热

·—实验数据[2]。边界换热定律：1—稳态蒸汽；2—纯摩擦；3—吸力摩擦。

压力对传热的影响主要表现为蒸气相和液相密度比的影响。在这里，获得了$\langle h_s \rangle = \mathrm{idem}$；$\langle h_f \rangle \sim (\rho_v/\rho)^{1/6}$；$\langle h_p \rangle \sim (\rho_v/\rho)^{1/4}$。因此，压力对渐近式(11.11)

的影响在一定程度上高于对渐近式(11.18)的影响。这种压力效应的变化趋势一致,进一步证明了极限换热定律之间的相互依赖关系。

在一般情况下,3个因素(重力、压力梯度、吸力和纯摩擦)会同时作用。随着蒸汽渗漏速度的增加,重力的影响逐渐消除。所有3个极限定律 ψ_p, ψ_s, ψ_f 与蒸汽流速(和圆柱直径)方面相似。在固定的热物理性质下,只观察到温差上的分层现象。所有影响因素同时作用的结果是:在实际问题中(除了稳态蒸汽的边界变量外),渐近变量可以很少被孤立。因此,严格来说,应该始终在完整的表述中考虑目前问题。本章给出的极限换热定律的分析是朝这个方向迈出的第一步。下一阶段应包括对混合换热定律的考虑,在力平衡中考虑几个影响因素的作用。

在本书作者的论文[19]中提出了极限换热定律的解析解。

11.6 小 结

本章考虑了绕水平圆柱体周围横向流动时的蒸汽冷凝问题。在假设其余因素不影响的情况下,得到了极限换热定律的解析解,其对应于单个因素(重力,纵向压力梯度或界面摩擦)影响的情况。解的结果是相对的(相对于稳态蒸汽的情况)换热定律。定性分析了冷凝时模态参数对传热的影响。得出的结论是,早期进行的实验研究没有包含参数范围,而这些参数的影响涉及实际的应用。极限换热定律的分析表明,它们是相互依赖的,这阻碍了考虑单个参数时对问题进行简单渐近性分离。

参考文献

1. Isachenko VP (1977) Condensation heat transfer. Energiya, Moscow (In Russian)
2. Gogonin II, Shemagin IA, Budov VM, Dorokhov AR (1993) Heat transfer under film condensation and film boiling conditions in nuclear facilities [in Russian]. Moscow: Energoatomizdat (In Russian)
3. Nußelt W (1916) Die Oberflächenkondensation des Wasserdampfes. VDI-Zeitschrift 60:541–546
4. Nußelt W (1916) Die Oberflächenkondensation des Wasserdampfes. VDI-Zeitschrift 60:569–575
5. Kutateladze SS (1979) Fundamentals of the theory of heat transfer. Atomizdat, Moscow (In Russian)
6. Labuntsov DA (2000) Physical foundations of power engineering. Selected works, Moscow Power Energetic Univ. (Publ.), Moscow (In Russian)
7. Kholpanov LP, Shkadov VY (1990) Hydrodynamics of heat and mass exchange with interfaces. Nauka, Moscow (In Russian)

8. Shekriladze IG, Gomelauri VI (1966) Theoretical study of laminar film condensation of flowing vapor. Int J Heat Mass Transf 9:581–591
9. Fujii T, Uehara H, Kurata C (1972) Laminar filmwise condensation of flowing vapour on a horizontal cylinder. Int J Heat Mass Transf 15:235–246
10. Rose JW (1984) Effect of pressure gradient in forced convection film condensation on a horizontal tube. Int J Heat Mass Transf 27(1):39–47
11. Schlichting H (1974) Boundary layer theory. McGraw-Hill, New York
12. Berman LD, Tumanov YA (1962) Flow over a horizontal tube. Therm Eng 10:77–84 (In Russian)
13. Gaddis ES (1979) Solution of the two-phase boundary-layer equations for laminar film condensation of vapor flowing perpendicular to a horizontal cylinder. Int J Heat Mass Transf 22:371–382
14. Fransson JHM, Konieczny P, Alfredsson PH (2004) Flow around porous cylinder subject to continuous suction or blowing. J Fluids Struct 19:1031–1048
15. Loitsyanskii LG (1966) Mechanics of liquids and gases. Pergamon Press, New York
16. Michael AG, Rose JW, Daniels LC (1989) Forced convection condensation on a horizontal tube—experiments with vertical downflow of steam. J Heat Transf 111:792–797
17. Lee WC, Rose JW (1984) Forced convection film condensation on a horizontal tube with and without non-condensing gases. Int J Heat Mass Transf 27:519–528
18. Honda H, Zozu S, Uchima B, Fujii T (1986) Effect of vapor velocity on film condensation of R-113 on horizontal tubes in across flow. Int J Heat Mass Transf 29:429–438
19. Avdeev AA, Zudin YB (2011) Vapor condensation upon transversal flow around a cylinder (Limiting Heat Exchange Laws). High Temp 49(4):558–565

附录 A
膜态沸腾过程的传热

众所周知,膜态沸腾过程中的热量可以从热的硬表面通过与壁面相邻的蒸汽薄膜转移到饱和液体中去。传统计算方法中,假设通过层流蒸汽膜的热传递会受到热传导机制的影响,即

$$h = \frac{k}{\delta} \tag{A.1}$$

通过引入有效的相变热来考虑膜中蒸汽过热的热量消耗,即

$$L_{\text{ef}} = L + \frac{1}{2} c_p \Delta T \tag{A.2}$$

式中:k 和 c_p 分别为蒸汽恒定压力下的导热系数和比热容;L 为相变热;δ 为蒸汽膜厚度;$\Delta T = T_w - T_s$ 为蒸汽膜上的温度差;T_w 为表面温度;T_s 为饱和温度。

值得指出的是,这种方法没有严格的证明,其本质上为半经验公式。下面,将提出一个近似的膜态沸腾传热物理模型,它能够计算蒸汽的有效热物理性质。液体的蒸发导致形成蒸汽流,蒸汽流能够通过相界面注入膜中,然后在高温硬表面上扩散。假设相界面符合层流边界层的规律。能量平衡的微分方程如下:

$$c_p \rho \frac{\partial}{\partial x}(u\vartheta) + c_p \rho \frac{\partial}{\partial y}(v\vartheta) = -\frac{\partial q}{\partial y} \tag{A.3}$$

式中:q_w 和 q_s 分别为纵坐标和横坐标;u 和 v 分别为纵向和横向速度;ρ 为蒸汽密度;温差为 $\vartheta = T - T_s$。

对式(A.3)的两边的薄膜厚度取平均值,得到

$$c_p \rho \int_0^\delta \frac{\partial}{\partial x}(u\vartheta)\,\mathrm{d}y + c_p \rho \, (v\vartheta)_0^\delta = q_w - q_s \tag{A.4}$$

式中:q_w 和 q_s 分别为热表面和相界面上的热通量密度。

在边界层的近似中,可以写出等式,即

$$c_p\rho\int_0^\delta \frac{\partial}{\partial x}(u\vartheta)\mathrm{d}y = c_p\rho\frac{\mathrm{d}}{\mathrm{d}x}\int_0^\delta(u\vartheta)\mathrm{d}y - c_p\rho u\vartheta\Big|_0^\delta\frac{\mathrm{d}\delta}{\mathrm{d}x} \qquad (\text{A.5})$$

能量方程式(A.3)的边界条件如下:

$$\begin{cases} y=0: u=0 \\ y=\delta: \vartheta=0 \end{cases} \qquad (\text{A.6})$$

这意味着式(A.5)右边的最后一项为零。考虑到式(A.5)和式(A.6),式(A.4)可以写为

$$c_p\rho\frac{\mathrm{d}}{\mathrm{d}x}\int_0^\delta u\vartheta\,\mathrm{d}y = q_w - q_s \qquad (\text{A.7})$$

式(A.7)具有清晰的物理含义:从热表面传递的热流密度 q_w 用于液体蒸发 q_s 以及供给薄膜的液体蒸汽过热 $q_w - q_s$。因此,有 $q_w > q_s$。值得注意的是,通过蒸汽膜的热量传输不仅受热导率的影响,通过相间面注入薄膜中的蒸汽流动会导致额外的传热(对流)量。

Labuntsov[1]首先考虑了膜态沸腾过程中对流传热的影响。下面简要概述文献[1]的模型并进行一些修改。相间表面的能量平衡关系如下:

$$q_s = L\rho\frac{\mathrm{d}}{\mathrm{d}x}\int_0^\delta u\,\mathrm{d}y \qquad (\text{A.8})$$

将式(A.8)代入式(A.7),得到了膜态沸腾过程中能量守恒定律的具体形式:

$$q_w = L\rho\frac{\mathrm{d}}{\mathrm{d}x}\Big[\int_0^\delta u\Big(1+\frac{c_p\vartheta}{L}\Big)\mathrm{d}y\Big] \qquad (\text{A.9})$$

需要得到蒸汽薄膜上温度和热通量的分布。为此,使用以下边界条件

$$\begin{cases} y=0: q=q_w \\ y=0: \partial q/\partial y=0 \\ y=\delta: q=q_s \end{cases} \qquad (\text{A.10})$$

考虑到连续性方程,能量平衡的微分方程式(A.3)可以表示为

$$c_p\rho u\frac{\partial\vartheta}{\partial x} + c_p\rho v\frac{\partial\vartheta}{\partial y} = -\frac{\partial q}{\partial y} \qquad (\text{A.11})$$

从式(A.11)中得到 $\partial q/\partial y$ 的另一个边界条件 $y=\delta$

$$c_p\rho u_\delta\Big(\frac{\partial\vartheta}{\partial x}\Big)_\delta + c_p\rho v_\delta\Big(\frac{\partial\vartheta}{\partial y}\Big)_\delta = -\Big(\frac{\partial q}{\partial y}\Big)_\delta \qquad (\text{A.12})$$

假设温度场在纵坐标 x 中是均匀的。因此,沿膜表面的 ϑ 总增量为零,即

$$\mathrm{d}\vartheta \equiv \left(\frac{\partial \vartheta}{\partial x}\right)_\delta \mathrm{d}x + \left(\frac{\partial \vartheta}{\partial y}\right)_\delta \mathrm{d}\delta = 0 \tag{A.13}$$

利用式(A.13)得到

$$\left(\frac{\partial \vartheta}{\partial x}\right)_\delta = -\left(\frac{\partial \vartheta}{\partial y}\right)_\delta \frac{\mathrm{d}\delta}{\mathrm{d}x} \tag{A.14}$$

考虑相等关系得到

$$-\left(\frac{\partial \vartheta}{\partial y}\right)_\delta = \frac{q_s}{k} \tag{A.15}$$

式(A.8)左侧为下面的形式:

$$-c_p\rho\left(\frac{\partial \vartheta}{\partial y}\right)_\delta \frac{\mathrm{d}}{\mathrm{d}x}\left(\int_0^\delta u \mathrm{d}y\right) \tag{A.16}$$

由式(A.16)得到了热通量的第四个边界条件:

$$y = \delta: \frac{\partial q}{\partial y} = -\frac{q_s^2 c_p}{Lk} \tag{A.17}$$

沿着横坐标用下面多项式的形式寻找热通量分布,即

$$q = a_0 + a_1 y + a_2 y^2 + a_3 y^3 \tag{A.18}$$

多项式系数式(A.18)由边界条件式(A.10)和式(A.12)确定,并写成如下形式

$$\begin{cases} a_0 = q_w \\ a_1 = 0 \\ a_2 = 3\dfrac{q_s - q_w}{\delta^2} + \dfrac{q_s^2 c_p}{Lk}\dfrac{1}{\delta} \\ a_3 = 2\dfrac{q_w - q_s}{\delta^3} - \dfrac{q_s^2 c_p}{Lk}\dfrac{1}{\delta^2} \end{cases} \tag{A.19}$$

最终得到热流分布为

$$q = q_w - (q_w - q_s)(3Y^2 - 2Y^3) + \frac{q_s^2 c_p \delta}{Lk}(Y^2 - Y^3) \tag{A.20}$$

式中:$Y = y/\delta$ 为无量纲横坐标。

此外,将能量方程式(A.6)的边界条件改写为

$$\begin{cases} Y = 0: u = 0 \\ Y = 1: \vartheta = 0 \end{cases} \tag{A.21}$$

带入式(A.20)并考虑到Fourier定律:

$$q = -\frac{k}{\delta}\frac{\partial v}{\partial Y} \qquad (A.22)$$

得到蒸汽薄膜中温度分布如下：

$$\frac{k}{\delta}(\vartheta_w - \vartheta) = q_w Y - (q_w - q_s)\left(Y^3 - \frac{1}{2}Y^4\right) + \frac{q_s^2 c_p \delta}{Lk}\left(\frac{1}{3}Y^3 - \frac{1}{4}Y^4\right) \qquad (A.23)$$

在式(A.23)中设 $Y=1$ 并利用第二个边界条件式(A.21)，得到

$$\frac{k}{\delta}\vartheta_w = \frac{1}{2}(q_w + q_s) + \frac{1}{12}\frac{q_s^2 c_p \delta}{Lk} \qquad (A.24)$$

常用的传热计算关系式(A.1)可以改写用于膜态沸腾的关系为

$$\frac{k}{\delta}\vartheta_w = q_w \qquad (A.25)$$

式(A.24)和式(A.25)比较清晰地表明了式(A.25)是传热机理的一大简化，在一般情况下是不正确的。下面，将基于实际物理过程模式提出一种改进的方法，膜态沸腾期间的对流传热可以根据以下简单关系来考虑，即

$$q_w = \frac{k_{ef}}{\delta}\vartheta_w \qquad (A.26)$$

$$q_w = L_{ef}\rho\frac{d}{dx}\left(\int_0^\delta u\,dy\right) \qquad (A.27)$$

式中：k_{ef} 和 L_{ef} 分别为导热系数和相变热的有效值。

引入无量纲变量 $k_* = k_{ef}/k$ 和 $L_* = L_{ef}/L$，用通用函数的形式 $k_*(S)$ 和 $L_*(S)$ 来表示，这里

$$S = \frac{c_p\vartheta}{L} \qquad (A.28)$$

式中：S 为 Stefan 数，定义为蒸汽的过热焓与相变焓的比率（两个量都以单位质量表示）。

蒸气过热度的处理方法以及对流对蒸汽薄膜中温度场的影响取决于式(A.26)和式(A.27)中导热系数和相变热的通用有效值。从式(A.27)和式(A.9)得到

$$L_* = \frac{\int_0^\delta u(1 + c_p\vartheta/L)\,dy}{\int_0^\delta u\,dy} \qquad (A.29)$$

鉴于式(A.25)，式(A.24)可以写为以下形式：

$$\frac{1}{k_*} = \frac{1}{2}\frac{1+L_*}{L_*} + \frac{1}{12}\frac{k_*}{L_*^2}S \tag{A.30}$$

利用蒸汽薄膜中可用的温度和速度分布,式(A.29)和式(A.30)确定了所需的关系式 $k_*(S)$ 和 $L_*(S)$。薄膜中的温度分布由式(A.14)描述。横向速度分布应根据所考虑问题的类型确定,首先考虑抛物线分布:

$$u = 6\langle u \rangle Y(1-Y) \tag{A.31}$$

式中: $\langle u \rangle = \int_0^1 u \mathrm{d}Y$ 为蒸汽薄膜的平均速度。

将式(A.23)和式(A.31)代入式(A.29),得到

$$L_* = 1 + \frac{S}{70}\left[44 - k_*\left(13 - \frac{4}{L_*}\right)\right] \tag{A.32}$$

式(A.30)和式(A.32)确定了抛物线速度分布问题所需关系,对于线性速度分布,有

$$u = 2\langle u \rangle Y \tag{A.33}$$

替换式(A.32),有

$$L_* = 1 + \frac{S}{15}\left[6 - k_*\left(2 - \frac{1}{L_*}\right)\right] \tag{A.34}$$

式(A.30)和式(A.34)描述了线速度分布的情况。这两个方程在 k_* 和 L_* 中都可简化为三次方公式。然而,这些方程的解析解非常复杂,不适合实际计算。因此,应该找到适当的近似。首先考虑上述解的渐近式。对于抛物线速度分布式(A.31),有

$$\begin{cases} S \to 0 : L_* = 1 + \frac{1}{2}S, k_* = 1 + \frac{1}{6}S \\ S \to \infty : L_* \to \frac{9}{35}S, k_* \to 2 \end{cases} \tag{A.35}$$

对于线速度分布式(A.33),有

$$\begin{cases} S \to 0 : L_* = 1 + \frac{1}{3}S, k_* = 1 + \frac{1}{12}S \\ S \to \infty : L_* \to \frac{2}{15}S, k_* \to 2 \end{cases} \tag{A.36}$$

从式(A.35)和式(A.36)得出,过热蒸汽的热导率和相变热的有效值对 Stefan 数的依赖关系是不同的。因此, k_{ef} 值仅在定性上发生变化:当 S 从零增加到无穷大时(对于两种类型的速度分布),它变为原来的 2 倍。就其本身而言,$S \ll 1$ 的 L_{ef} 值视定律而异,则

$$L_{ef} = L + k_1 c_p \Delta T \qquad (A.37)$$

式中:$k_1 = 1/2$ 表示抛物线分布,$k_1 = 1/3$ 表示线性分布。

然而,对 $S \gg 1$,式(A.37)描述的依赖关系在性质上有所不同,则

$$L_{ef} = k_2 c_p \Delta T \qquad (A.38)$$

对于抛物线分布,$k_1 = 9/35$,对于线性分布,$k_2 = 2/15$。渐近公式式(A.38)有一个有趣的物理解释:对于 $c_p \Delta T \gg L$,相变的有效热量不再取决于 L 的参考值,而是取决于饱和温度,更取决于蒸汽的过热焓 $L_{ef} \sim c_p \Delta T$。

由此得到的解与以下抛物线速度分布关系式误差接近 1%:

$$L_* = \frac{1 + 0.765S + 9.658 \times 10^{-2} S^2 + 1.54 \times 10^{-3} S^3}{1 + 0.266S + 6 \times 10^{-3} S^2} \qquad (A.39)$$

$$k_* = \frac{1 + 0.576S + 3.4 \times 10^{-2} S^2}{1 + 0.409S + 1.7 \times 10^{-2} S^2} \qquad (A.40)$$

线性速度分布为

$$L_* = \frac{1 + 0.55S + 4.9 \times 10^{-2} S^2 + 3.4 \times 10^{-4} S^3}{1 + 0.216S + 2.56 \times 10^{-3} S^2} \qquad (A.41)$$

$$k_* = \frac{1 + 0.247S + 3.6 \times 10^{-3} S^2}{1 + 0.164S + 1.8 \times 10^{-3} S^2} \qquad (A.42)$$

式(A.39)~式(A.42)完成了上述分析。该方法能够考虑到膜中蒸汽过热的影响以及对流对过热蒸汽热导率和相变热的有效值的影响。相应的计算曲线如图 A.1 和图 A.2 所示。值得指出的是,在膜态沸腾的问题中,条件 $S \gg 1$ 对应于蒸汽薄膜的异常过热,在实际中可能无法实现。通常,Stefan 数在 $0 < S \leq 1$ 的范围内变化。

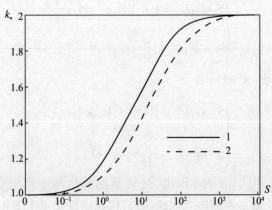

图 A.1　有效的热导率与 Stefan 数关系图

1—抛物线轮廓;2—线性轮廓。

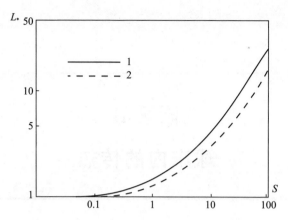

图 A.2　相变的有效热量与 Stefan 数关系图
1—抛物线轮廓；2—线性轮廓。

最后，根据已知热导率和相变热的有效值，可以计算整个膜上的温度分布。利用式（A.23），可以得到

$$\frac{\vartheta}{\vartheta_w} = \frac{T - T_s}{T_w - T_s} = (1 - 4Y^3 + 3Y^4) - k_*(Y - 3Y^3 + 2Y^4) + \frac{k_*}{L_*}(Y^3 - Y^4)$$

（A.43）

参考文献

Labuntsov DA (2000) Physical Foundations of Power Engineering. Selected works, Moscow Power Energetic Univ. (Publ.). Moscow (In Russian)

附录 B
球床内的传热

大量的研究致力于紧密卵石固定层（球床）中的流体动力学和传热，这些研究结果得到了整理概括，尤其在文献[1-5]中有所体现。在分析复杂的三维球床层中空间的流动时，通常假设换热是由于不同方向液体射流的混合而发生（类似于射流中的湍流传递机制）。但是，通常用于描述这种流程的"湍流"不能从字面意义上理解。在球床过滤条件下，由球体直径 d 构造的 Renault 数通常不超过 1000，因此，流动几乎总是保持层流状态。

球床中传热研究的主要目的是确定 Fourier 定律 $q = -k_t \partial T/\partial x$ 中使用的湍流导热系数（CTTC）k_t。针对两种边界条件 T_w = 常数[6-7] 和 q_w = 常数[8] 进行了实验研究。从物理角度上看，显然热传递方式肯定无法影响位于通道[9]中石床中的流动热流体动力学。然而，在实验中通常难以在整个实验段内提供恒定温条件[10]。鉴于在高速流动时换热强度很大，在圆管流动情况下的径向温度分布变得非常"平坦"，这使得实验数据的处理变得困难。通过将球床定位在两个圆柱体[11]之间的环形间隙中，可以提供足够的温度曲线梯度，从而减少测量结果处理的误差。以前的研究主要针对球床中的空气流动情况。在这种情况下，运动相热导率和床"骨架"（卵石）热导率之间的显著差异导致实验结果的处理困难[12]。Dekhtyar 等的研究[13]没有这些缺陷，他研究了边界条件为 q_w = 常数下玻璃球床（导热系数接近水的导热系数）中水的流动。使用两种几何形状（圆管和环形通道）的工作截面能够比较获得 CTTC 与工艺参数的关系。

B.1 实验装置

以前的研究[14-15]对在球床中水和汽-水混合物流动条件下的水动力阻力

进行了实验研究,实验条件的工艺参数范围变化大,压力为 0.9~15.6MPa,质量速度为 107~770kg/(m²s),蒸汽质量为 0~0.49。采用平均直径为 2.12mm 的抛光不锈钢卵石作为球床。在文献[16]中,描述了球床中两相混合物流动的理论模型,该模型用于归纳文献[14-15]的实验数据。

本章是文献[14-15]的进一步扩展,给出了水和汽-水混合物在通过平坦加热壁面的球床(直径 2mm 的校准玻璃卵石)中纵向流动时传热实验的研究结果。实验包括测量加热壁面(床层高度中的四个横截面)的温度,以及在球床出口处通道横截面上的温度分布。使用数值优化技术建立了该过程的数学模型,处理了实验获得的温度曲线,考虑并处理了该工艺的"双层"结构,即把具有线性温度分布的壁面区域(宽度为卵石直径 d)与石床的中心部分(核心)配对(该中心部分的特征为恒定的过滤速率)。最后得到了球床中 CTTC 的值作为过滤速率和热通量的函数。

注意,先前的实验通常是在流体温度稳定的条件下进行的。因此研究通道热初始段中的流动是有意义的。最后,才对壁面沸腾条件下球床内液体流动的换热问题进行了研究。实验装置如图 B.1 所示。工作截面是一个 40mm×64mm,高 370mm 的矩形通道,通道壁由不锈钢制成,厚 1.5mm。通过两个格栅(顶部和底部)钢丝网固定了直径 d = 2mm 的密封玻璃球床,单元尺寸为 1mm×1mm。

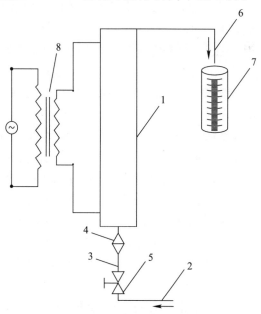

图 B.1　实验装置组成

1—工作截面;2—输水管;3—集流器;4—过滤器;5—控制阀;
6—排水管;7—测量槽;8—可变输出电压变压器。

采用电加热法维持边界条件 q_w = 常数,加热器由厚 0.3mm、长 30mm、加热高度为 303mm 的不锈钢带提供,连接在 40mm 长的一个外壁面上。工作截面的外绝缘层由 30mm 厚的羊毛层提供。使用 5 个 Chromel Copel 热电偶测量加热壁高度上的温度分布,分别位于距离加热截面起点 55mm、115mm、165mm、215mm、265mm 的距离。热电偶的热接点被焊接在距离壁面内表面 1 mm 的水平三角形凹槽的顶点上。

为了确保水流在通道横截面上均匀分布,在水通过 40mm 长的流体动力学稳定区域之后开始对壁面加热。测量在预先指定时间内离开工作区的水量值来确定球床的水流速。用水银温度计测量工作区入口和出口处的水温。将 8 个电缆热电偶的热接点通过顶部格栅引入床层,深度为 5mm;这些热电偶沿工作截面的纵轴安装,距离被加热表面的距离分别为 2mm、4.5mm、8mm、10.5mm、15mm、20mm、30mm、39mm。球床的横截面平均孔隙率 $m = 0.375$,由独立实验中的体积法测定。

B.2 测量结果

本章的基本结果是关于加热壁温度 T_w 在整个床层高度上分布的实验数据,以及球床深度上的水温实验数据。这些数据是在不同的过滤速度 u 和加热壁面的比热通量 q 值下获得的。

图 B.2 给出了床高上 4 个横截面中测量的加热壁面流动核心温度差值 $\vartheta_w = T_w - T_\infty$,其中 y 是纵向坐标。取液体的入口温度为 T_∞。从图 B.2(a) 和 (b) 中可以看出,对于固定的热通量,每个横截面中的壁温随着液体速度的增加而降低。显然从物理角度来看,对流传热的强度必须随着速度而增加。乍一看容易理解为是由于壁温与纵坐标的关系十分平缓。对于最大速度值 $u = 52.1$ mm/s,前三个温差值位于水平架上。从图 B.2(c) 和 (d) 可知,当速度一定时,每个横截面中的壁温随着热通量减小,这个现象物理学上很容易解释。然而,在低热通量和高速度的区域也观察到温差的架型分布,如图 B.2(d) 所示。

图 B.3 给出了在相同热流密度和不同流速条件下获得的加热壁面高度上的换热系数的分布,其中 u 是流动的过滤速度(与不含床层的横截面相关的液体体积流量)。数据表明,对于每个给定的热通量而言,换热系数随速度的增加而增加;这证实了传热的对流模式。在此,由于温度边界层的厚度增加,沿着壁面流动的换热强度必须降低,图 B.3(a) 中的曲线 1 和 2 以及图 B.3(b) 中的曲线 1 证明了这一点。然而,一些实验获得的依赖关系表现出一种难以定义的趋势,即换热系数随高度的增加随后突然减小(图 B.3(a) 中的曲线 3 和图 B.3(b) 中的曲线 2 和 3)。

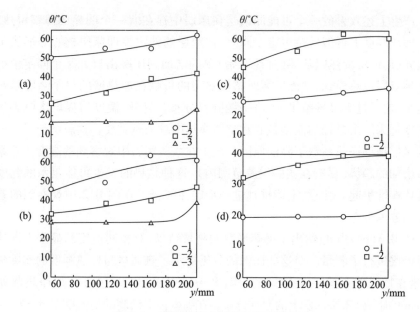

图 B.2 壁面流核心温差与床高的关系

(a) $q=45\text{kW/m}^2$,1—$u=6.31\text{mm/s}$,2—$u=19.5\text{mm/s}$,3—$u=52.1\text{mm/s}$;

(b) $q=86\text{kW/m}^2$,1—$u=12.9\text{mm/s}$,2—$u=30.7\text{mm/s}$,3—$u=52.1\text{mm/s}$;

(c) $u=12.8\text{mm/s}$,1—$q=45\text{kW/m}^2$,2—$q=86\text{kW/m}^2$;(d) $u=52\text{mm/s}$,1—$q=45\text{kW/m}^2$,2—$q=86\text{kW/m}^2$。

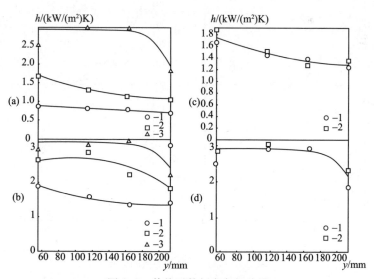

图 B.3 传热系数与床高的关系

(a) $q=45\text{kW/m}^2$,1—$u=6.31\text{mm/s}$,2—$u=19.5\text{mm/s}$,3—$u=52.1\text{mm/s}$;

(b) $q=86\text{kW/m}^2$,1—$u=12.9\text{mm/s}$,2—$u=30.7\text{mm/s}$,3—$u=52.1\text{mm/s}$;

(c) $u=12.8\text{mm/s}$,1—$q=45\text{kW/m}^2$,2—$q=86\text{kW/m}^2$;(d) $u=52\text{mm/s}$,1—$q=45\text{kW/m}^2$,2—$q=86\text{kW/m}^2$。

附录 B 球床内的传热

产生上述效果的一个可能原因是在床层中存在着一个明显的薄壁层热阻,其在加热高度上近似保持恒定。同时,在壁层的外边界即床层核心处形成了温度边界层,该层的热阻从零(加热开始)单调增加到床层出口处某个固定值。利用这种双层传热模式,壁面区域对整体热阻的贡献在加热壁的整个高度上占主要地位,这反过来又导致了 $h(y)$ 平缓倾斜分布。另外,温度边界层增厚必然导致在靠近床层出口处的流动核心在整体换热中越来越重要。这就解释了上面提到的床层顶部换热系数下降的原因。至于在某些实验中观察到的高度传热系数有所增加的趋势(尽管在实验误差范围内),这种趋势的发生可能是水的黏度对温度依赖性引起。注意,上述推理进一步定性解释了在图 B.2 中观察到的趋势平缓的温差分布。

图 B.3(c)和(d)给出了换热系数的测量结果,对相同速度和显著不同的热通量密度进行了测量。对这些图像的分析揭示了热通量与传热强度的实际独立性,这在物理学上是显而易见的。图 B.4 给出了出口横截面(距加热起始点 215mm 的距离)床层深度上的温差分布。在纵坐标上绘制的是温度差 $\vartheta = T - T_\infty$。

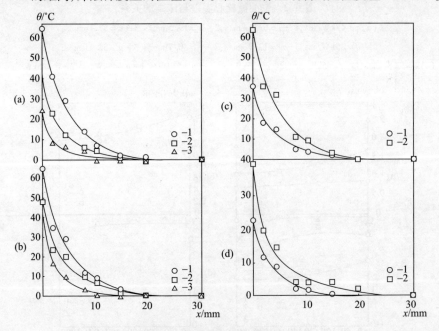

图 B.4 球床中温差的横向分布

(a) $q = 45 \text{kW/m}^2$, 1—$u = 6.31 \text{mm/s}$, 2—$u = 19.5 \text{mm/s}$, 3—$u = 52.1 \text{mm/s}$;
(b) $q = 86 \text{kW/m}^2$, 1—$u = 12.9 \text{mm/s}$, 2—$u = 30.7 \text{mm/s}$, 3—$u = 52.1 \text{mm/s}$;
(c) $u = 12.8 \text{mm/s}$, 1—$q = 45 \text{kW/m}^2$, 2—$q = 86 \text{kW/m}^2$;
(d) $u = 52 \text{mm/s}$, 1—$q = 45 \text{kW/m}^2$, 2—$q = 86 \text{kW/m}^2$。

可以看出在横向坐标值较高的情况下,所有 $\vartheta(x)$ 曲线都达到零的水平。这验证了在实验之前进行的估计,即在测量温度高度分布时,边界层的外边界没有达到最后一个热电偶(最远离壁面)所在的 40mm 的距离。

下面在以下工艺参数范围内进行了壁面沸腾情况下球床中水的流动实验:$u = 2 \sim 50 \text{mm/s}$,$q = 2786 \text{kW/m}^2$,并且 $T_\infty = 14 \sim 68 ℃$。这样,传热表面的温度为 $T_w = 103 \sim 120 ℃$。在床层深度上测量的温度分布如图 B.5 所示。在热通量 $q = 52 \text{kW/m}^2$ 的情况下,不同速度下的温度分布呈现典型的单相介质形式[图 B.5(a)]。在高热通量和高速度下可以观察到相同的规律[图 B.5(b)]。然而,当速度降低到 $u = 3.3 \text{mm/s}$ 时,明显发现了距传热表面最远 5mm 处的过渡沸腾,第三个热电偶观察到了恒定的温度 $T = 100℃$。从图 B.5(c)可以看出,在低速和低热通量条件下,即使是第一个(来自壁面)热电偶都无法记录温度,因此温度分布呈现典型的"单相"形状。然而,当热通量增大时,温度 $T = 100℃$ 的平缓倾斜分段再次出现,表明存在沸腾。其他工艺参数值也可以观察到类似的趋势(u 和 q 值更高,如图 B.5(d)所示)。

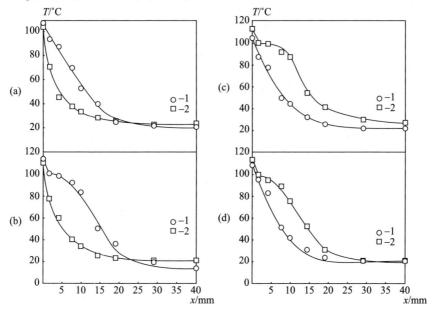

图 B.5 沸腾时球床中的横向温度分布

(a)$q = 52 \text{kW/m}^2$,1—$u = 3.3 \text{mm/s}$,2—$u = 7.8 \text{mm/s}$;
(b)$q = 86 \text{kW/m}^2$,1—$u = 3.3 \text{mm/s}$,2—$u = 12.8 \text{mm/s}$;
(c)$u = 2 \text{mm/s}$,1—$q = 27 \text{kW/m}^2$,2—$q = 53 \text{kW/m}^2$;
(d)$u = 4.8 \text{mm/s}$,1—$q = 53 \text{kW/m}^2$,2—$q = 83.1 \text{kW/m}^2$。

B.3 处理结果

获得的温度分布数据可用于解决球床中单相和两相流的热流体动力学中的许多问题,例如,计算单相流的 CTTC,计算单相和两相流的壁面传热系数,以及壁面沸腾模型的建立等。在本章的框架内,我们暂时只讨论第一个问题。

从几何上考虑[1-3],在接近平坦的壁面时,球床孔隙度 m 的值必须以卵石直径 d 的量级突增。其分布 $m(y)$ 可以用经验公式[17]来描述:

$$m = m_\infty \left[1 + 1.36\exp\left(-5\frac{x}{d}\right) \right] \quad (B.1)$$

式中:x 为从壁面算起的横坐标;d 为卵石直径。

根据式(B.1),壁面孔隙率的值比流动核心(均匀胞状结构)中的相应值高 2.36 倍。孔隙度的突然增加必然导致热-水动力学模式在接近壁面时发生显著变化。因此,在进行理论分析时,通常从球床双层模式[18-20]出发,即在流动的中心部分存在均匀的孔隙度横向分布(以及由此产生的流速横向分布),而在壁面区域中存在速度梯度和温度梯度峰值。

本章的目的是确定在 Fourier 定律 $q = -k_t \partial T/\partial x$ 中使用的 CTTC k_t。上述提及的自由湍流类比,使研究者假设以下依赖趋势:k_t:$k_t \sim u$;$k_t \sim d$。因此,考虑到空间因素,湍流热导率的方程式如下:

$$k_t = b\rho cud \quad (B.2)$$

式中:u 为过滤速度;b 为数值常数(湍流热传系率);c 和 ρ 分别为介质的比热容和密度。

需要注意在空气过滤实验中,除了热导率的湍流组分外,还必须考虑反映床架热导率贡献的分子组分[10]。在先前的研究中,该分子组分在实验中单独测定,是基于没有过滤的情况下在充气填充床中测量的结果,然后以式(B.1)中的添加 k_t 形式使用。显然,在这种情况下确定 k_t 的误差非常显著。因此,从得到的床层热均匀性角度来看,在实验中采用具有热导率接近值的连续(水)和分散(玻璃卵石)介质的组合似乎是最佳的。

在分析球床核心的流动时,实际流动(卵石空间中的三维射流)被一个具有虚构(与床的总横截面有关)过滤速度 u[4-6](图 B.6)的均匀介质取代。鉴于条件 u = 常数和 k_t = 常数且 $k_t \gg k$ 的有效性,采用非稳态热方程的形式写出床层核心流动的能量方程

$$c\rho \frac{\partial \vartheta}{\partial t} = k_t \frac{\partial^2 \vartheta}{\partial x^2} \quad (B.3)$$

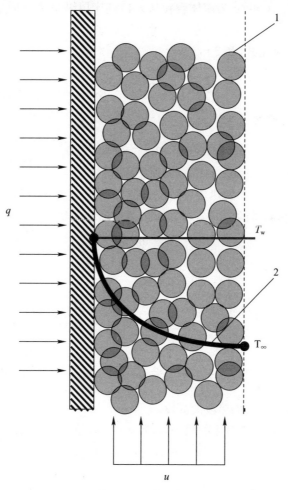

图 B.6 工艺方案
1—球床;2—温度曲线。

式中:x 为横坐标。

根据文献[18-20]作者的分析结果,假设热通量通过热薄壁层传递没有变化:$q_w = q_\delta =$ 常数。所以热方程式(B.3)问题的边界条件 $q =$ 常数在 $x = \delta$ 处的解易得[21]。我们引入相似变量 $\eta = 1/2(x-\delta)\sqrt{c\rho/(k_t t)}$,其中 δ 是厚度为卵石直径为 d 时壁面区域的边界。用 $\vartheta = \vartheta_\delta(t)\theta(\eta)$ 来解式(B.3)。边界 $x = \delta$ 处温差 $\vartheta_\delta(t)$ 由下式定义,即

$$\vartheta_\delta = \frac{2}{\sqrt{\pi}} q_\delta \sqrt{\frac{t}{\lambda_t c\rho}} = \frac{2}{\sqrt{\pi}} \frac{q_\delta}{c\rho u} \sqrt{\frac{y}{d}} \qquad (B.4)$$

式中:$\vartheta = T - T_\infty$;$t = y/u$ 为液体颗粒从入口到床层纵坐标上指定的 y 值的运动时间。

函数 $\theta(\eta)$ 满足式(B.3)

$$2\left(\theta - \eta \frac{d\theta}{d\eta}\right) = \frac{d^2\theta}{d\eta^2} \tag{B.5}$$

式(B.5)的解为

$$\theta = \exp(-\eta^2) - \sqrt{\pi}\,\eta\,\mathrm{erfc}(\eta) \tag{B.6}$$

式中:$\mathrm{erfc}(\eta) = 1 - \mathrm{erf}(\eta)$,$\mathrm{erf}(\eta)$ 为概率积分[21]。

考虑到初始区段中的热传递情况,有一个值得注意的特征:可以通过测量的温度分布计算热通量的横向分布。为此,式(B.5)可以写为

$$2\left(\theta - \eta \frac{d\theta}{d\eta}\right) = -\frac{df}{d\eta} \tag{B.7}$$

式中:$f = -d\theta/d\eta$。

对式(B.7)在 η 的边界条件 $\eta \to \infty$:$\theta = f = 0$ 积分得到 $f = 2\theta\eta + 4\int_\eta^\infty \theta d\eta$,或写成空间形式

$$q = \frac{\rho c u}{H}\left(\frac{1}{2}\vartheta x + \int_x^\infty \vartheta dx\right) \tag{B.8}$$

式中:$H = 215\,\mathrm{mm}$ 为被加热段的高度。

严格说式(B.8)仅对床的核心位置($x > \delta$)有效。但是,对于 $q_w = q_\delta$,这种关系也可以近似扩展到壁面区域。然后,在 $x = 0$ 处式(B.8)转换为工作截面高度上的热平衡方程:

$$q_w = \frac{\rho c u}{H}\int_0^\infty \vartheta dx \tag{B.9}$$

图 B.7 给出了根据式(B.9)和测得的温度曲线计算得出热通量的横向分布,结果以低维数形式给出,$\tilde{q} = q/q_w$。注意,根据图 B.7,壁面附近的热通量分布未假设为水平模式,而是根据假设 $q_w = q_\delta$ 得出。例如,在距离墙壁的距离为 $x = d/2 = 1\,\mathrm{mm}$ 处,对于 $u = (6.3 \sim 12.9)\,\mathrm{mm/s}$,有 $\tilde{q} \approx 0.9$,对于 $u = 52.1\,\mathrm{mm}$,有 $\tilde{q} \approx 0.84$。因此,壁面区域中参数变化规律显然比文献[18-20]模型中假设的更复杂。

现在我们将回到有关工作截面高度上温差分布的实验数据。由式(B.4)和壁区温度分布线性的假设可知 $\vartheta_w \sim \vartheta_\delta \sim \sqrt{y}$。然而,在图 B.2 中可以看出依赖关

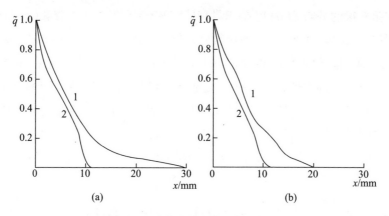

图 B.7 球床中热通量的横向分布

(a) $q=45\text{kW/m}^2$，1—$u=6.31\text{mm/s}$，2—$u=52.1\text{mm/s}$；
(b) $q=86\text{kW/m}^2$，1—$u=12.9\text{mm/s}$，2—$u=52.1\text{mm/s}$。

系 $\vartheta_w(y)$ 要弱得多，并且对于速度的最大值 $u=52\text{mm/s}$，前 3 个温差值[图 B.2 (a)、(b) 和 (d)]实际上位于水平面上。在分析测量结果时，给出了基于床中"双层"流动模式趋势的定性解释。

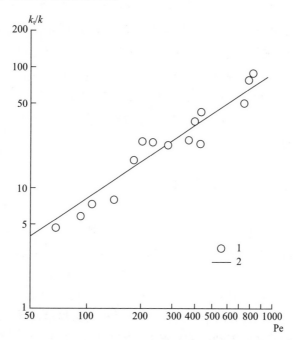

图 B.8 无量纲伪湍流热导率与 Peclet 数的函数关系

1—实验数据；2—$k_t/k=0.08718\text{Pe}$。

实验获得的分布 $\theta(\eta)$ 用式(B.4)和式(B.6)的两个自由参数(流动核心和 CTTC 的边界温度)近似,然后通过数值优化方法进行处理。通过使实验和计算数据之间均方偏差的最小,得到了每个实验 CTTC 的所需值。所采用的计算程序存在一定的不确定性,包括预先设定壁区的混凝土厚度。多元计算结果表明,壁区厚度的增加 $\delta = (1/3 - 2/3)d$ 导致 CTTC 减少约 8%。在最终版本中,假设 $\delta = d/2$,所得结果如下(图 B.8):

$$\frac{k_t}{k} = b\mathrm{Pe} \tag{B.10}$$

式中:$b = 0.0818$ 为"湍流"转移系数;$\mathrm{Pe} = ud/a$ 为 Peclet 数;k 为液体的导热系数。

值得注意的是,式(B.10)几乎与 Dekhtyar 等提出的 $b = 0.083$ 一致。

我们现在考虑液体黏度可能对 CTTC 的影响问题。孔隙率为 $m = 0.375$,过滤速度为 $u = (6.31 \sim 52.1)\mathrm{mm/s}$,在卵石之间的空间中液体的真实流速值将是 $U = u/m = (16.8 \sim 140)\mathrm{mm/s}$。由卵石直径 d 以及床核心水的黏度 $(T_\infty \approx 20^0 C)v \approx 1\mathrm{mm}^2/\mathrm{s}$ 构建的 Reynolds 数在 $Re = Ud/v \approx 33.6 \sim 280$ 内变化,这说明是纯层流状态。速度扰动的黏性弛豫特征时间估算为 $t_v \approx d^2/v \approx 4\mathrm{s}$。扰动的惯性运输特征时间是 $t_U \approx d/U \approx (0.0144 \sim 0.12)\mathrm{s}$,那么这些时间之间的比值是 $t_v/t_U \approx (30 \sim 300)$。因此,由黏性效应影响的平滑扰动将以比初始惯性慢一个或两个数量级的速度进行。鉴于此,尽管呈现明显的层流形态,但由湍流结构式(B.2)可证实,在研究的参数范围内,黏度对对流换热的影响是可以忽略不计的。

B.4 小 结

本文对直径为 2mm 的玻璃卵石组成的矩形横截面玻璃球床在水流条件下进行了湍流换热的实验研究。实验包括测量加热壁面的温度,以及在球床出口处的通道截面上的温度分布。利用一种处理实验数据的方法,使得能够在不区分实验获得的温度分布的情况下确定 CTTC。针对热初始段的条件获得了非稳态热方程的解。采用具有两个自由参数(流动核心边界温度和 CTTC 边界温度)的数学模型描述了单相流动的实验数据,并对实验数据进行了数值优化处理。得到了球床壁面上沸腾情况下的温度分布曲线,并对这些曲线进行了定性分析。本附录的材料在文献[22]中发表。

参考文献

1. Aerov MA, Todes OM (1968) The hydraulic and thermal principles of operation of apparatuses with stationary and fluidized packed bed. Leningrad: Khimiya (In Russian)
2. Goldshtik MA (1984) Transfer processes in a packed bed [in Russian]. Novosibirsk: Izd. SO AN SSSR Siberian Div., USSR Acad. Sci (In Russian)
3. Bogoyavlenskii RG (1978) Hydrodynamics and heat transfer in high-temperature nuclear reactors with spherical fuel elements. Moscow: Atomizdat (In Russian)
4. Tsotsas E (1990) Über die Wärme- und Stoffübertragung in durchströmten Festbetten, VDI-Fortschrittsberichte. Reihe 3/223. Düsseldorf: VDI-Verlag
5. Bey O, Eigenberger G (1998) Strömungsverteilung und Wärmetransport in Schüttungen. VDI-Fortschrittsberichte. Reihe 3/570. Düsseldorf: VDI-Verlag
6. Ziolkowski D, Legawiec B (1987) Remarks upon thermokinetic parameter. Chem Eng Process 21:64–76
7. Freiwald MG, Paterson WR (1992) Accuracy of model predictions and reliability of experimental data for heat transfer in packed beds. Chem Eng Sci 47:1545–1560
8. Nilles M (1991) Wärmeubertragung an der Wand durchströmter Schüttungsrohre. VDI-Fortschrittsberichte Reihe 3/264. Düsseldorf: VDI-Verlag
9. Martin H, Nilles M (1993) Radiale Wärmeleitung in durchströmten Schüttungsrohren. Chem Ing Tech. 65:1468–1477
10. Bauer R, Schlünder EU (1977) Die effektive Wärmeleitfahigkeit gasdurchströmter Schüttungen. Verfahrenstechnik 11:605–614
11. Dixon AG, Melanson MM (1985) Solid conduction in low dt/dp beds of spheres, pellets and rings. Int J Heat Mass Transfer 28:383–394
12. Bauer M (2001) Theoretische und experimentelle Untersuchungen zum Wärmetransport in gasdurchströmten Festbettrohrreaktoren. Dissertation, Universität Halle-Wittenberg
13. Dekhtyar RA, Sikovsky DP, Gorine AV, Mukhin VA (2002) Heat Transfer in a Packed Bed at Moderate Values of the Reynolds Number. High Temp 40(5):693–700
14. Avdeev AA, Balunov BF, Zudin YB, Rybin RA, Soziev RI (2006) Hydrodynamic drag of a flow of steam-water mixture in a pebble bed. High Temp 44(2):259–267
15. Avdeev AA, Balunov BF, Rybin RA, Soziev RI, Zudin YB (2007) Characteristics of the hydrodynamic coefficient for flow of a steam-water mixture in a pebble bed. ASME J Heat Transfer 129:1291–1294
16. Avdeev AA, Soziev RI (2008) Hydrodynamic drag of a flow of steam-water mixture in a pebble bed. High Temp 46(2):223–228

17. Vortmeyer D, Haidegger E (1991) Discrimination of three approaches to evaluate heat fluxes for wall-cooled fixed bed chemical reactors. Chem Eng Sci 46:2651–2660
18. Schlünder EU, Tsotsas E (1988) Wärmeubergang in Festbetten, durchmischten Schüttungen und Wirbelschichten. Georg Thieme Verlag. Stuttgart-New York
19. VDI—Wärmeatlas, Abschnitt Mh. Wärmeleitung und Dispersion in durchströmten Schüttungen. (1997) Berlin Heidelberg: Springer -Verlag
20. Dixon AG (1988) Wall and particle-shape effects on heat transfer in packed beds. Chem Eng Comm 71:217–237
21. Carslaw HS, Jaeger JC (1988) Conduction of Heat in Solids. 2nd edn. Clarendon Press. Oxford
22. Avdeev AA, Balunov BF, Zudin YB, Rybin RA (2009) An experimental investigation of heat transfer in a pebble bed. High Temp 47:692–700